FORSCHUNGSBERICHTE
DES LANDES NORDRHEIN-WESTFALEN

Herausgegeben durch das Kultusministerium

Nr. 955

Prof. Dr.-Ing Herwart Opitz
Dipl.-Ing. Hans Uhrmeister
Laboratorium für Werkzeugmaschinen und Betriebslehre der
Technischen Hochschule Aachen

Die dynamischen Eigenschaften hydraulischer Vorschubmotoren für Werkzeugmaschinen

D 82   (Diss. TH Aachen)

Als Manuskript gedruckt

WESTDEUTSCHER VERLAG / KÖLN UND OPLADEN

1961

ISBN 978-3-663-03428-5   ISBN 978-3-663-04617-2 (eBook)
DOI 10.1007/978-3-663-04617-2

Gliederung

Abkürzungsverzeichnis	S. 5
1. Einleitung	S. 7
2. Das Zeitverhalten des hydraulischen Motors	S. 7
2.1 Aufbau des hydraulischen Lageregelungssystemes	S. 7
2.2 Die allgemeine Differentialgleichung des hydraulischen Motors	S. 9
2.3 Die Eigenschaften des Steuerschiebers	S. 12
2.31 Berechnung des Steuerdruckes	S. 13
2.32 Berechnung des Steuerwiderstandes	S. 15
2.4 Das elektrische Ersatzbild des hydraulischen Motors	S. 18
2.41 Der Ersatzwiderstand	S. 18
2.42 Die Ersatzkapazität	S. 19
2.43 Die Ersatzinduktivität	S. 19
3. Diskussion der Frequenzganggleichung	S. 23
3.1 Statische Kennwerte	S. 23
3.11 Kraftverstärkung	S. 23
3.12 Geschwindigkeitsverstärkung	S. 23
3.13 Momentverstärkung	S. 24
3.14 Drehzahl- und Winkelgeschwindigkeitsverstärkung	S. 24
3.2 Das dynamische Verhalten	S. 25
3.21 Systeme mit symmetrischem Aufbau	S. 25
3.22 Systeme mit unsymmetrischem Aufbau	S. 25
4. Messungen an verschiedenen Motortypen	S. 37
4.1 Bestimmungen der Motorkonstanten	S. 37
4.11 Masse- und Trägheitsmoment	S. 37
4.12 Schluckmenge - Kraft - Drehmoment	S. 37
4.13 Der innere Dämpfungswiderstand	S. 39
4.14 Ansprechempfindlichkeit	S. 46
4.2 Dynamische Messungen	S. 47
4.21 Messung der Übergangsfunktion	S. 47
4.22 Eigenfrequenz und Eigendämpfung	S. 54
4.23 Vergleich zwischen gemessenen und gerechneten Werten	S. 55
5. Schlußbetrachtung	S. 59
6. Literaturverzeichnis	S. 60

Abkürzungen

Symbol	Einheit	Bedeutung
A	kg	äußere Störkraft
B	$\dfrac{cm^2}{sec\ kg^{1/2}}$	Durchflußkoeffizient einer Drosselstelle
C	$\dfrac{cm^5}{kg}$	Ersatzkapazität
C_o	$\dfrac{1}{sec}$	Geschwindigkeitsverstärkung
D		Dämpfung
E_o	$\dfrac{kg}{cm}$	Kraftverstärkung
F, f	cm^2	Fläche
G_s	$\dfrac{cm^5}{kg\ sec}$	Steuerleitwert
H	cm	Kolbenweg
$2H_o$	cm	Kolbenhub
L	$\dfrac{kg\ sec^2}{cm^5}$	Ersatzinduktivität
M_o	kg	Momentverstärkung
M_d	cm kg	Drehmoment
M_d^+	cm^3	Drehmoment pro atü
N_o	$\dfrac{U}{sec\ cm}$	Drehzahlverstärkung
Q_o	cm^3	Ölmenge
R	$\dfrac{kg\ sec}{cm^5}$	Ersatzwiderstand
R_s	$\dfrac{kg\ sec}{cm^5}$	Steuerwiderstand
S	$\dfrac{cm^3}{U}$	Schluckmenge
S^+	$\dfrac{cm^3}{rad}$	Schluckmenge pro Radian
W_o	$\dfrac{1}{sec\ cm}$	Winkelgeschwindigkeitsverstärkung
Z_o	$\dfrac{kg\ sec}{cm^5}$	Kennwiderstand

Symbol	Einheit	Bedeutung
f	$\dfrac{1}{\sec}$	Frequenz
f_o	$\dfrac{1}{\sec}$	Eigenfrequenz
h	cm	Steuerschieberweg
h_o	cm	negative Überdeckung eines Steuerschiebers
m	kg sec^2/cm	Masse
p	$\dfrac{\text{kg}}{\text{cm}^2}$	Druck
p_o	$\dfrac{\text{kg}}{\text{cm}^2}$	Speisedruck
p_s	$\dfrac{\text{kg}}{\text{cm}^2}$	Steuerdruck
q	$\dfrac{\text{cm}^3}{\sec}$	Ölstrom
$ü$		Übersetzungsverhältnis
v	$\dfrac{\text{cm}}{\sec}$	Geschwindigkeit
β	$\dfrac{\text{cm}^2}{\text{kg}}$	Kompressionszahl
Θ	kg sec^2 cm	Trägheitsmoment
τ	sec	Zeitkonstante
φ	rad	Drehwinkel
Ω		normierte Frequenz
ω	$\dfrac{1}{\sec}$	Kreisfrequenz
$\wp$	$\dfrac{1}{\sec}$	Laplace-Operator

1. Einleitung

Im Zuge der Automatisierung der spangebenden Fertigung muß den Nachformmaschinen eine immer größere Bedeutung beigemessen werden. Zu den sogenannten Kopiersystemen, die seit längerer Zeit bekannt sind und sich bewährt haben, ist in den letzten Jahren die numerisch gesteuerte Werkzeugmaschine hinzugekommen. Die erhält ihre Führungsgröße nicht von einer mechanischen Schablone, sondern von einem Informationsträger, z.B. Lochstreifen oder Magnetband, der abgetastet wird und die Führungsgröße in Form elektrischer Signale bereitstellt. In beiden Fällen handelt es sich um eine Regelung der relativen Lage von Werkzeug und Werkstück, durch die die vorbestimmte Form des Werkstückes erzeugt werden soll. Die Schnelligkeit und Genauigkeit, mit der dieses Ziel erreicht wird, hängt

1. von den Eigenschaften der Maschine und des Werkzeuges,

2. von den Eigenschaften des Lageregelungssystemes ab.

Die Entwicklung leistungsfähigerer Schneidstoffe führte dabei zu immer größeren Schnitt- und Vorschubgeschwindigkeiten und damit auch zu höheren Anforderungen an das Folgesystem, in besonderem Maße aber an dessen Stellglied.

Hydraulische Antriebe werden aufgrund ihrer Reaktionsgeschwindigkeit und großen spezifischen Leistung in zunehmendem Maße eingesetzt. Das statische und dynamische Verhalten von Hydraulikmotoren und Kolbentrieben soll deshalb im folgenden näher untersucht werden.

2. Das Zeitverhalten des hydraulischen Motors

2.1 Aufbau des hydraulischen Lageregelungssystems

Abbildung 1 zeigt das Blockschaltbild eines Lageregelungssystems. Die Regelabweichung x_w - die Differenz der Führungsgröße w und der Regelgröße x - stellt das Eingangssignal des Reglers dar. Sie wird bei allen Nachformsystemen, die mit einer Schablone als Führungsgröße arbeiten, durch einen Weg oder Winkel dargestellt. Bei numerisch gesteuerten Maschinen liegt in fast allen Fällen ein elektrisches Signal vor. Das Ausgangssignal, die Stellgröße y, ist in jedem Falle als Weg oder Winkel vorhanden, durch den die Drosselstellen eines hydraulischen Ein- oder Mehrkantenschiebers gesteuert werden. Die Trennung zwischen Regler und Strecke muß an dieser Stelle erfolgen, da die Eigenschaften der Drosselstellen auf das Zeitverhalten des hydraulischen Motors einen entschei-

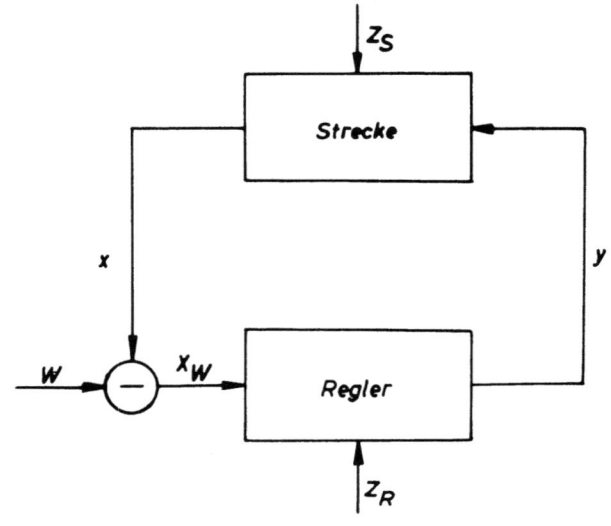

Abbildung 1

denden Einfluß haben, also eine Wechselwirkung zwischen beiden besteht. Will man also, wie es die Regelungstheorie voraussetzt, eine rückwirkungsfreie Signalübertragung annehmen, so ergibt sich zwangsläufig die Trennung von Regler und Strecke in der oben gezeigten Weise, obwohl gerätemäßig Steuerventil einschließlich Drosselstellen und der hydraulische Motor getrennte Bauelemente sind.

Zur Regelstrecke gehören ferner die dem Motor nachgeschalteten Getriebe und bei numerisch gesteuerten Maschinen zusätzlich die Weggeber einschließlich ihrer mechanischen und elektrischen Bauelemente. Gegenstand der weiteren Untersuchungen ist im folgenden nur der Abschnitt:

Hydraulischer Motor einschließlich Hauptsteuerkanten des Steuerventils, auch wenn letztere nicht immer besonders erwähnt sind.

Das Zeitverhalten des hydraulischen Motors

Das Ausgangssignal des Motors ist ein Winkel oder beim Kolbenmotor ein Weg. Sein Übertragungsverhalten läßt sich durch Hintereinanderschalten von zwei Blöcken darstellen (Abb.2). Eingangsgröße des ersten Blockes ist der Weg des Steuerschiebers, seine Ausgangsgröße die Geschwindigkeit oder Winkelgeschwindigkeit, aus der sich durch einfache Integration der Weg oder Winkel ergibt.

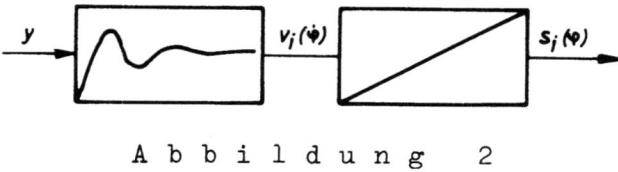

Abbildung 2

Da Prinzip und Baugröße der Motoren und die Ausführung der Steuerkanten sich nur auf das Übertragungsverhalten des ersten Blockes auswirken, soll nur der Zusammenhang zwischen y und v, bzw. $\dot{\varphi}$ betrachtet werden. Es sei aber ausdrücklich darauf hingewiesen, daß für die Beurteilung des ganzen Lageregelungssystems die Integration erforderlich ist.

2.2 Die allgemeine Differentialgleichung des hydraulischen Motors

Anhand der Prinzipskizze (Abb.3) soll zunächst die Bewegungsgleichung eines Kolbenmotors abgeleitet werden. In dieser Skizze bedeuten

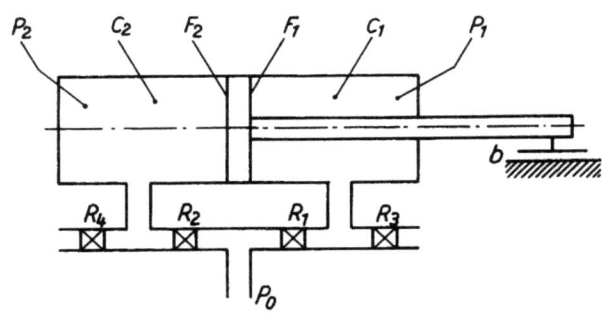

Abbildung 3

Prinzipskizze von Steuerventil und Motor

R_1, R_2, R_3, R_4	die Widerstände der Drosselstellen,
q_1, q_2, q_3, q_4	die durch die entsprechenden Widerstände fließenden Ölströme,
q_5	der in die rechte Zylinderseite fließende Ölstrom,
q_6	der aus der linken Zylinderseite abfließende Ölstrom,
F_1	Fläche des Kolbens auf der rechten Seite,
F_2	Fläche des Kolbens auf der linken Seite,
m	die gesamte bewegte Masse des Systems,
b	die gesamte geschwindigkeitsproportionale Reibung,
A	eine auf den Kolben wirkende äußere Last,
p_o	Speisedruck des Systems,
Q_{o1}	Ölvolumen auf der rechten Seite,
Q_{o2}	Ölvolumen auf der linken Seite,
β	Kompressionszahl des Öles

Für die Berechnung werden folgende Voraussetzungen gemacht:

1. Druckänderungen sind klein gegenüber dem Absolutwert
2. Die Änderungen der Ölvolumen Q_{o1} und Q_{o2} sind klein gegenüber ihrem Absolutwert
3. Die Kompressionszahl β ist unabhängig vom Druck des Öles
4. Das abfließende Öl ist drucklos.

Damit ergeben sich folgende Gleichungssysteme:

$$p_1 = p_0 - R_1 \cdot q_1 \quad ; \qquad q_1 = q_3 + q_5 \tag{1}$$

q_5 setzt sich aus zwei Anteilen zusammen:

1. aus dem Ölstrom $v \cdot F_1$
2. aus einem weiteren Ölstrom q_{β_1}, der infolge der Kompressibilität des Öles erforderlich ist, um im Zylinderraum 1 den Druck p_1 aufzubauen.

$$p_1 = \frac{1}{Q_{01} \cdot \beta} \int q_{\beta_1} \cdot dt \quad ; \qquad q_{\beta_1} = Q_{01} \cdot \beta \cdot \dot{p}_1$$

$$p_1 = p_0 - R_1 \left(\frac{p_1}{R_3} + v \cdot F_1 + Q_{01} \cdot \beta \cdot \dot{p}_1 \right)$$

$$p_1 = \frac{p_0 \cdot R_3}{R_1 + R_3} - \frac{v \cdot R_1 \cdot R_3 \cdot F_1}{R_1 + R_3} - \frac{R_1 \cdot R_3 \cdot Q_0 \cdot \beta}{R_1 + R_3} \cdot \dot{p}_1 \tag{2}$$

Für p_2 ergibt sich nun folgende Gleichung:

$$p_2 = \frac{p_0 \cdot R_4}{R_2 + R_4} + \frac{R_2 \cdot R_4 \cdot v \cdot F_2}{R_2 + R_4} - \frac{R_2 \cdot R_4 \cdot Q_{02} \cdot \beta}{R_2 + R_4} \cdot \dot{p}_2 \tag{3}$$

Die dritte Gleichung ergibt sich aus dem Kräftegleichgewicht

$$p_1 \cdot F_1 - p_2 \cdot F_2 - A - m \cdot \dot{v} - bv = 0$$

nach p_1 aufgelöst

$$p_1 = \frac{m \cdot \dot{v}}{F_1} + \frac{b \cdot v}{F_1} + p_2 \frac{F_2}{F_1} + \frac{A}{F_1} \quad . \tag{4}$$

Zur weiteren Berechnung wird die Laplace-Transformation eingeführt:

$$p_1(t) \longrightarrow \pi_{(g)} \qquad v_{(t)} \longrightarrow \omega_{(g)}$$
$$p_2(t) \longrightarrow \varpi_{(g)}$$

Damit hat das oben abgeleitete Gleichungssystem folgende Form:

$$\ddot{w} = a_1 - b_1 w - c_1 p \dot{w}$$

$$w = a_2 + b_2 w - c_2 p w \quad (5)$$

$$\ddot{w} = a_3 p w + b_3 w + c_3 w + d_3$$

Mit den Konstanten:

$$a_1 = \frac{p_0 \cdot R_3}{R_1 + R_3} \; ; \qquad b_1 = \frac{R_1 \cdot R_3 \cdot F_1}{R_1 + R_3} \; ; \qquad c_1 = \frac{R_1 \cdot R_3}{R_1 + R_3} \cdot Q_{01} \cdot \beta \; ;$$

$$a_2 = \frac{p_0 \cdot R_4}{R_2 + R_4} \; ; \qquad b_2 = \frac{R_2 \cdot R_4 \cdot F_2}{R_2 + R_4} \; ; \qquad c_2 = \frac{R_2 \cdot R_4}{R_2 + R_4} \cdot Q_{02} \cdot \beta \; ;$$

$$a_3 = \frac{m}{F_1} \; ; \qquad b_3 = \frac{b}{F_1} \; ; \qquad c_3 = \frac{F_2}{F_1} \; ; \qquad d_3 = \frac{A}{F_1} \; .$$

Löst man dieses Gleichungssystem nach der gesuchten Abhängigkeit $w_{(p)}$ auf, so erhält man:

$$w_{(p)} = \frac{a_1(1+c_2 p) - c_3 a_2(1+c_1 p) - d_3(1+c_1 p)(1+c_2 p)}{(b_3 + a_3 p)(1+c_1 p)(1+c_2 p) + b_1(1+c_2 p) + c_3 b_2(1+c_1 p)} \quad (6)$$

oder nach Einsetzen der Konstanten

$$w_{(p)} = \frac{\frac{p_0 \cdot R_3}{R_1+R_3}\left(1+p\frac{R_2 \cdot R_4}{R_2+R_4}Q_{02}\cdot\beta\right) - \frac{F_2}{F_1}\cdot\frac{p_0 \cdot R_4}{R_2+R_4}\left(1+p\frac{R_1 \cdot R_3}{R_1+R_3}Q_{01}\cdot\beta\right) - \frac{A}{F_1}\left(1+p\frac{R_2 \cdot R_4}{R_2+R_4}Q_{02}\cdot\beta\right)\left(1+p\frac{R_1 \cdot R_3}{R_1+R_3}Q_{01}\cdot\beta\right)}{\left(\frac{b}{F_1}+p\frac{m}{F_1}\right)\left(1+p\frac{R_2 \cdot R_4}{R_2+R_4}Q_{02}\cdot\beta\right)\left(1+p\frac{R_1 \cdot R_3}{R_1+R_3}Q_{01}\cdot\beta\right) + \frac{R_1 \cdot R_3}{R_1+R_3}F_1\left(1+p\frac{R_2 \cdot R_4}{R_2+R_4}Q_{02}\cdot\beta\right) + \frac{F_2^2}{F_1}\cdot\frac{R_2 \cdot R_4}{R_2+R_4}\left(1+p\frac{R_1 \cdot R_3}{R_1+R_3}Q_0 \cdot\beta\right)} \quad (7)$$

Im folgenden soll die physikalische Bedeutung der einzelnen Konstanten näher untersucht werden:

1. Der Ausdruck $\quad p_0 \dfrac{R_3}{R_1 + R_3} \quad$ bzw. $\quad p_0 \dfrac{R_4}{R_2 + R_4} \quad$ (7a)

stellt einen Druck dar, der durch das Ändern des Widerstandsverhältnisses gesteuert werden kann. Er wird fortan mit P_{s1} bzw. P_{s2} bezeichnet und ist eine Funktion des Steuerschieberweges h.

2. Der Ausdruck

$$p \cdot \frac{R_1 \cdot R_3}{R_1 + R_3} \cdot Q_{01} \cdot \beta \qquad \text{bzw.} \qquad p \cdot \frac{R_2 \cdot R_4}{R_2 + R_4} \cdot Q_{02} \cdot \beta$$

muß nach Gleichung (7) dimensionslos sein. Das bedeutet, daß $\dfrac{R_1 \cdot R_3}{R_1 + R_3} \cdot Q_{01} \cdot \beta$ die Dimension einer Zeit hat, die mit τ_1 bezeichnet werden soll. Ebenso wird gesetzt:

$$\tau_2 = \frac{R_2 \cdot R_4}{R_2 + R_4} \cdot Q_{02} \cdot \beta \quad . \quad (7b)$$

3. Der Ausdruck $\frac{R_1 \cdot R_3}{R_1 + R_3}$ kann als Parallelschaltung von R_1 und R_3 gedeutet werden. Dieser Ersatzwiderstand wird mit R_{s1} bezeichnet. Ebenso folgt:

$$R_{s2} = \frac{R_2 \cdot R_4}{R_2 + R_4} \qquad (7c)$$

Mit Einführung dieser neuen Bezeichnung und Ausklammern von F_1 im Nenner lautet jetzt Gleichung (7)

$$\mathcal{M}\Theta_{(p)} = \frac{1}{F_1} \cdot \frac{P_{s1}(1+p\tau_2) - \frac{F_2}{F_1} \cdot P_{s2}(1+p\tau_1) - \frac{A}{F_1}(1+p\tau_1)(1+p\tau_2)}{\left(\frac{b}{F_1^2} + p\frac{m}{F_1^2}\right)(1+p\tau_1)(1+p\tau_2) + R_{s1}(1+p\tau_2) + \frac{F_2^2}{F_1^2} R_{s2}(1+p\tau_1)} \qquad (8)$$

Bezeichnet man das Flächenverhältnis F_2 zu F_1 mit ü und setzt, wie in der Elektrotechnik üblich $\frac{F_2}{F_1} P_{s2} = P_{s2}'$; $\left(\frac{F_2}{F_1}\right)^2 R_{s2} = R_{s2}'$ so lautet die Gleichung:

$$\mathcal{M}\Theta_{(p)} = \frac{1}{F_1} \cdot \frac{P_{s1}(1+p\tau_2) - P_{s2}'(1+p\tau_1) - \frac{A}{F_1}(1+p\tau_1)(1+p\tau_2)}{\left(\frac{b}{F_1^2} + p\frac{m}{F_1^2}\right)(1+p\tau_1)(1+p\tau_2) + R_{s1}(1+p\tau_2) + R_{s2}'(1+p\tau_1)} \qquad (9)$$

Nach dem Ausmultiplizieren des Nenners und Ausklammern von
$\left(\frac{b}{F_1^2} + R_{s1} + R_{s2}'\right) = Rg$ ergibt sich:

$$\mathcal{M}\Theta_{(p)} = \frac{1}{F_1 Rg} \cdot \frac{P_{s1}(1+p\tau_2) - P_{s2}'(1+p\tau_1) - \frac{A}{F_1}(1+p\tau_1)(1+p\tau_2)}{p^3 \frac{m\tau_1\tau_2}{F_1^2 \cdot Rg} + p^2\left[\frac{m(\tau_1+\tau_2)}{F_1^2 \cdot Rg} + \frac{b}{F_1^2}\frac{\tau_1\tau_2}{Rg}\right] + p\left[\frac{m}{F_1^2 \cdot Rg} + \frac{b(\tau_1+\tau_2)}{F_1^2 \cdot Rg} + \frac{R_{s1}\tau_2 + R_{s2}'\tau_1}{Rg}\right] + 1} \qquad (10)$$

Geht man zur Frequenzgleichung über, so wird aus Gleichung (10) folgender Ausdruck:

$$V_\omega = \frac{1}{F_1 \cdot Rg} \cdot \frac{P_{s1}(1+j\omega\tau_2) - P_{s2}'(1+j\omega\tau_1) - \frac{A}{F_1}(1+j\omega\tau_1)(1+j\omega\tau_2)}{-j\omega^3 \frac{m\cdot\tau_1\tau_2}{F_1^2 \cdot Rg} - \omega^2\left[\frac{m(\tau_1+\tau_2)}{F_1^2 \cdot Rg} + \frac{b\tau_1\tau_2}{F_1^2 \cdot Rg}\right] + j\omega\left[\frac{m}{F_1^2 \cdot Rg} + \frac{b(\tau_1+\tau_2)}{F_1^2 \cdot Rg} + \frac{R_{s1}\tau_2 + R_{s2}'\cdot\tau_1}{Rg}\right] + 1} \qquad (11)$$

Er gilt für die unter Abschnitt 2.2 gemachten Voraussetzungen und den Bereich, in dem P_{s1} bzw. P_{s2} eine lineare Funktion des Steuerschieberweges h darstellen und R_{s1} bzw. R_{s2} konstant sind.

Diese letztgenannten Bedingungen sind vom Steuerschieber zu erfüllen, dessen Eigenschaften in folgendem Kapitel untersucht werden sollen.

2.3 Die Eigenschaften des Steuerschiebers

Für die folgenden Betrachtungen wird ein Steuerschieber mit der negativen Überdeckung h_o zugrundegelegt. Ferner wird vorausgesetzt, daß $|h| \leq h_o$ ist. Da es sich bei den Steuerkanten um enge, kurze Durchflußquerschnitte handelt, wird die BERNOUILLsche Form der Durchflußberechnung angewandt.

2.31 Berechnung des Steuerdruckes

Nach Gleichung (7a) war $P_{s1} = p_0 \cdot \dfrac{R_3}{R_1+R_3}$.

Für die folgende Berechnung soll nicht mit Widerständen sondern mit Leitwerten gearbeitet werden. Nach Abbildung 4 gilt für den Ölstrom durch die hintereinandergeschalteten Steuerkanten

$$q_1 = B \cdot (h_0 + h) \cdot \sqrt{p_0 - P_{s1}}$$
$$q_3 = B \cdot (h_0 - h) \sqrt{P_{s1}} \qquad (12)$$

mit B als Durchflußkoeffizient.

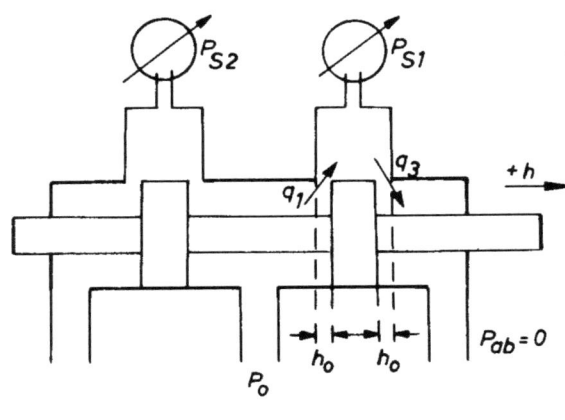

Abbildung 4

Da nach Abbildung 4 $q_1 = q_3$ ist, kann man die rechten Seiten ebenfalls gleichsetzen und quadrieren.

$$B^2 (h_0+h)^2 (p_0 - P_{s1}) = B^2 (h_0 - h)^2 \cdot P_{s1} \quad .$$

Daraus läßt sich P_{s1} bestimmen:

$$P_{s1} = \frac{p_0}{2} \left(1 + \frac{2h/h_0}{1+(h/h_0)^2} \right) \quad . \qquad (13)$$

Unter der Berücksichtigung der Gegentaktwirkung der Steuerkantenpaare wird

$$P_{s2} = \frac{p_0}{2} \left(1 - \frac{2h/h_0}{1+(h/h_0)^2} \right) \quad .$$

Der Verlauf des Steuerdruckes ist in Abbildung 5 dargestellt. Es ist das Verhältnis P_{s1}/p_o über h/h_o für beide Steuerkantenpaare aufgetragen. Wie ersichtlich, ist die Abhängigkeit in den Grenzen $\frac{h}{h_o} = -0,3$ bis $+0,3$ praktisch linear.

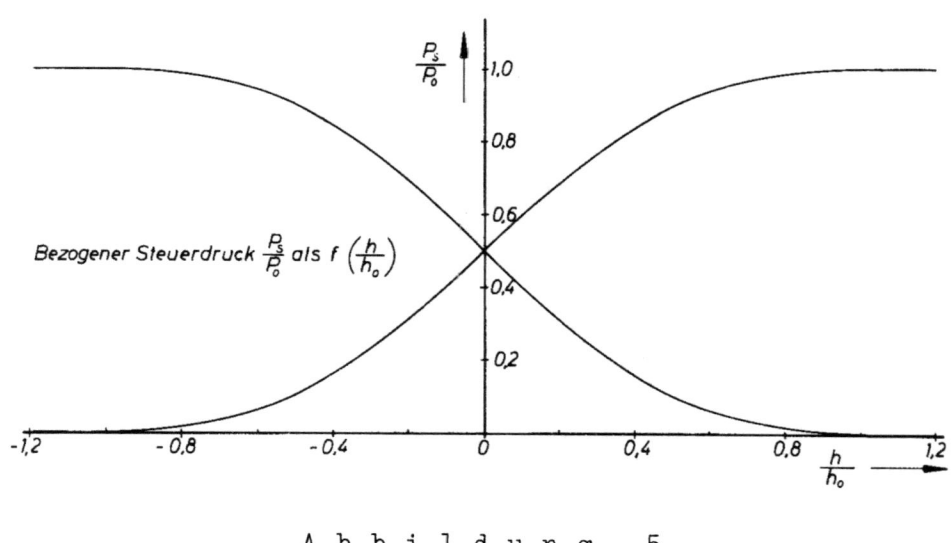

Abbildung 5

Diese Tatsache konnte ebenfalls durch Versuche an einer Reihe von Steuerschiebern mit verschiedenen Überdeckungen nachgewiesen werden. Diese Ergebnisse sind in Abbildung 6 zu sehen. Zusätzlich ist hier noch einmal

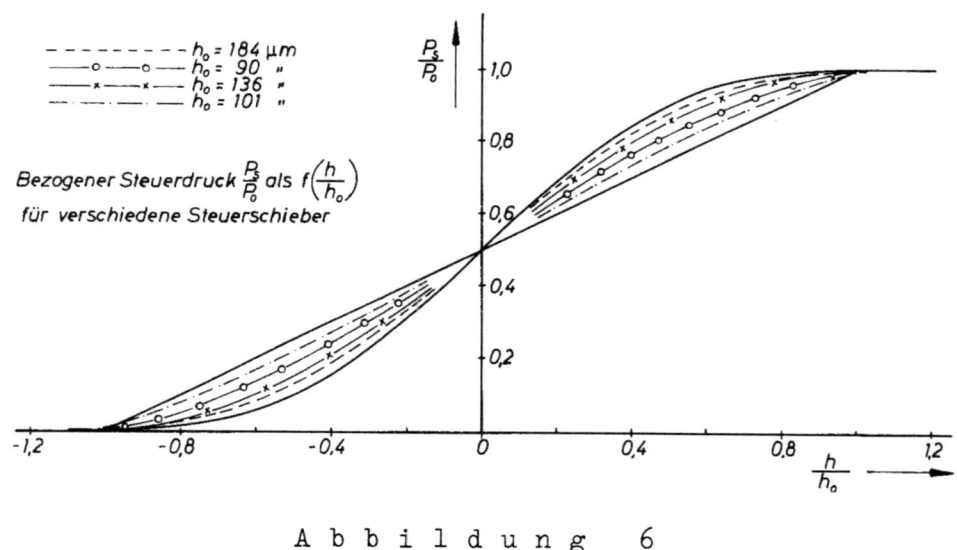

Abbildung 6

die berechnete Kurve mit eingetragen. Sie bildet die Begrenzung zu hohen Steuersteilheiten. Die Gerade gibt die Abhängigkeit für eine lineare Beziehung zwischen p_o und q wieder. Zwischen beiden Grenzen liegen die gemessenen Werte. Auch bei diesen ist eine fast lineare Abhängigkeit innerhalb der oben genannten Grenzen vorhanden. Infolge der bei der praktischen Ausführung auftretenden Fertigungsungenauigkeiten - hauptsächlich Radialspiel - wird $P_{s1}/p_o = 1$ erst bei $\frac{h}{h_o} > 1$ erreicht.

2.32 Berechnung des Steuerwiderstandes

Der Steuerwiderstand R_{s1} ergibt sich nach Gleichung (7c) als Parallelschaltung der Widerstände R_1 und R_3. Auch in diesem Falle soll die Berechnung über die entsprechenden Leitwerte erfolgen. Es gilt nach Abbildung 4:

$$q_1 = B_1 (h_o + h) \cdot \sqrt{p_o - p_1}$$
$$q_3 = B_1 (h_o - h) \cdot \sqrt{p_1} \tag{14}$$

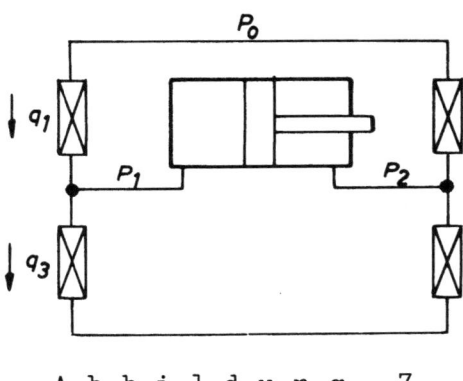

Abbildung 7

Voraussetzungsgemäß sollen die Druckänderungen klein gegenüber dem absoluten Wert sein. Dann gilt nach Abbildung 7

$$p_1 = \frac{p_o}{2} + \Delta p$$

und damit werden

$$q_1 = B_1 (h_o + h) \cdot \sqrt{\frac{p_o}{2} - \Delta p} \quad ; \quad q_3 = B_1 (h_o - h) \cdot \sqrt{\frac{p_o}{2} + \Delta p}$$

$$G_1 = \frac{dq_1}{d\Delta p} = B_1 (h_o + h) \cdot \frac{1}{2} \cdot \sqrt{\frac{2}{p_o}} \cdot \frac{1}{\sqrt{1 - 2\Delta p/p_o}}$$

$$G_3 = \frac{dq_3}{d\Delta p} = B_1 (h_o - h) \cdot \frac{1}{2} \cdot \sqrt{\frac{2}{p_o}} \cdot \frac{1}{\sqrt{1 - 2\Delta p/p_o}}$$

$$G_{s1} = G_1 + G_3 = B_1 \cdot \frac{h_o}{2} \sqrt{\frac{2}{p_o}} \left[\left(1 + \frac{h}{h_o}\right) \cdot \frac{1}{\sqrt{1 - 2\Delta p/p_o}} + \left(1 - \frac{h}{h_o}\right) \cdot \frac{1}{\sqrt{1 - 2\Delta p/p_o}} \right] \tag{15}$$

Für $\Delta p = 0$ gilt:

$$G_{s1} = B_1 \cdot h_o \cdot \sqrt{\frac{2}{p_o}} = G_{so} \quad . \tag{16}$$

Der Ausdruck (Gl.16) ist also ein Leitwert, der von der Auslenkung h der Steuerkanten unabhängig ist.

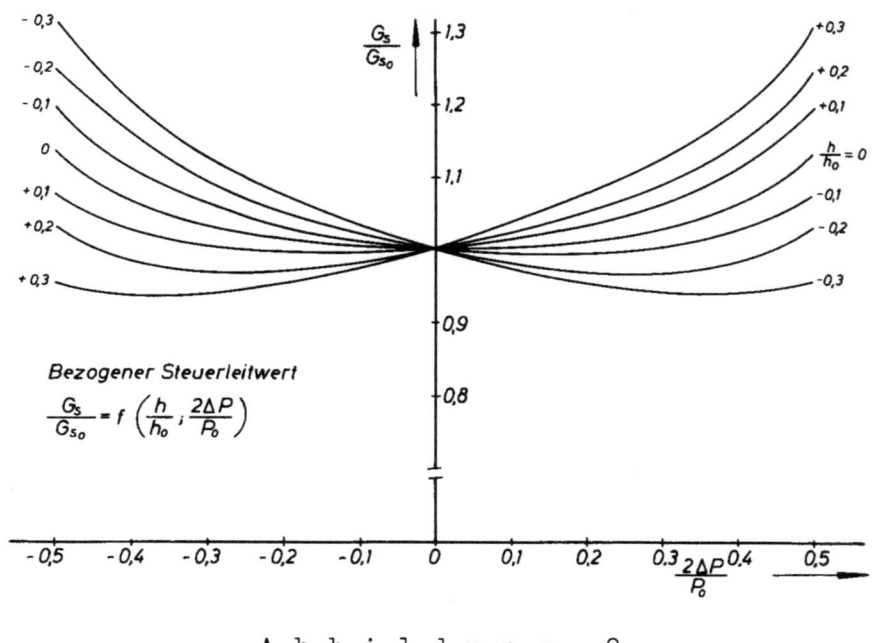

Abbildung 8

Der Verlauf der normierten Funktion

$$\frac{G_{s1}}{G_{so}} = \frac{1}{2}\left[\left(1 \pm \frac{h}{h_o}\right)\cdot\frac{1}{\sqrt{1-\frac{2\Delta p}{P_o}}} + \left(1 \mp \frac{h}{h_o}\right)\cdot\frac{1}{\sqrt{1+\frac{2\Delta p}{P_o}}}\right] \quad (17)$$

ist in Abbildung 8 dargestellt. Bemerkt sei noch, daß Δp und h im allmeinen Falle voneinander unabhängig sind (äußere Störkraft A). Aus diesem Grunde sind in Gleichung (17) jeweils zwei Vorzeichen eingesetzt und auch der Verlauf der Funktion entsprechend berechnet. Für

$$\left|\frac{h}{h_o}\right| < 0,3 \quad \text{und} \quad \left|\frac{2\Delta p}{P_o}\right| < 0,3$$

läßt sich folgende Näherung angeben:

$$\frac{1}{\sqrt{1 \pm \frac{2\Delta p}{P_o}}} \approx 1 \mp \frac{\Delta p}{P_o}$$

und damit

$$G_{s1} \approx B_1 \cdot h_o \cdot \sqrt{\frac{2}{P_o}}\left(1 - \frac{h}{h_o}\cdot\frac{\Delta p}{P_o}\right)$$

Da aber

$$\frac{h}{h_o}\cdot\frac{\Delta p}{P_o} \ll 1$$

ergibt sich als gute Näherung:

$$G_{s1} \approx B_1 \cdot h_o \cdot \sqrt{\frac{2}{p_o}} \approx \text{const} \qquad \text{für } p_o = \text{const}. \qquad (18)$$

Wie aus dem Verlauf der Funktion zu ersehen ist, können die Werte von $\frac{h}{h_o}$ und $\frac{2\Delta p}{p_o}$ in den Grenzen von $-0,3 + 0,3$ liegen, ohne daß der Fehler 15 % übersteigt. Diese Kurven gelten für den theoretischen Exponenten 1/2 der Durchflußgleichung. Da dieser aber praktisch nach Abbildung 6 zwischen 0,5 und 1 liegt, sind die Fehler in Wirklichkeit kleiner.

Die Bestätigung dieser Berechnung liefert wieder der Versuch:

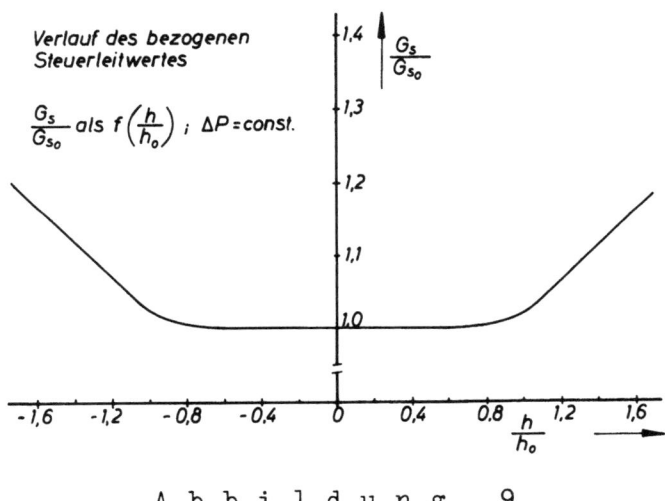

A b b i l d u n g   9

In Abbildung 9 ist der Verlauf des Leitwertes Gs eines Steuerkantenpaares dargestellt, der nach dem in Abbildung 10 skizzierten Versuchsaufbau bestimmt wurde. Δp war in diesem Falle const = 0.

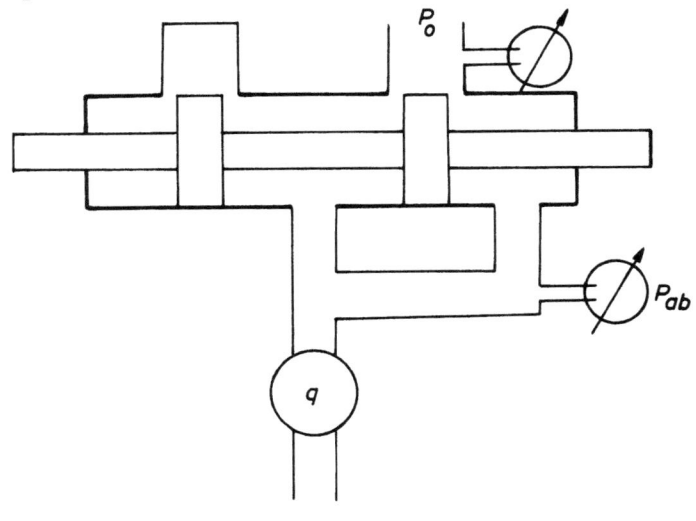

A b b i l d u n g   10

Das Diagramm eines Kennlinienfeldes für Motor und Steuerschieber zeigt Abbildung 11. Es gibt die Bestätigung dafür, daß sowohl Steuerdruck als auch Steuerwiderstand in einem weiten Bereich als linear zu betrachten sind.

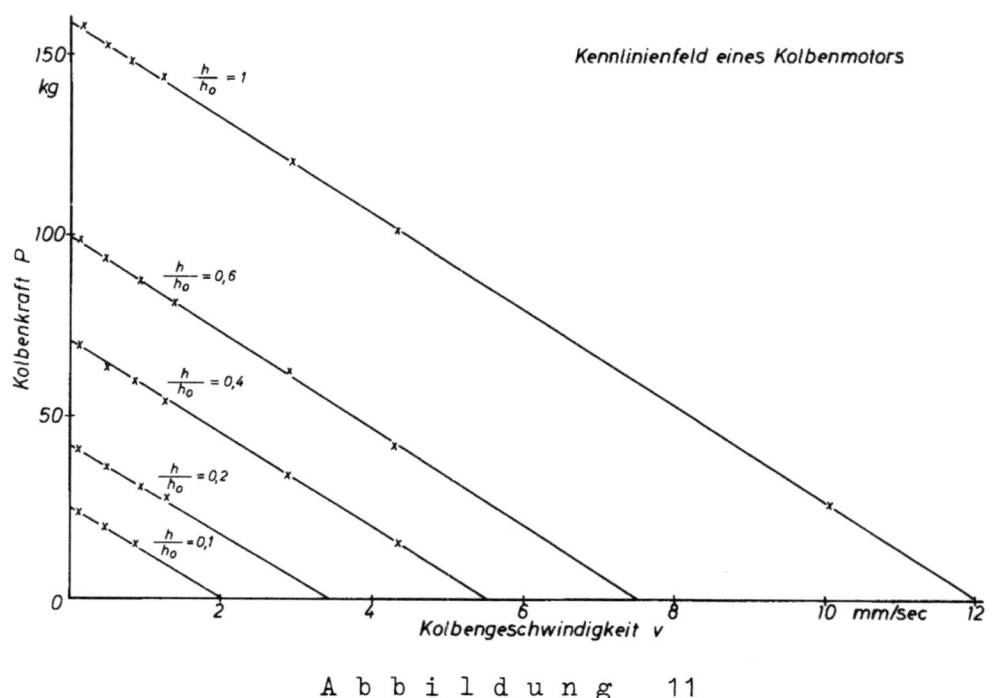

Abbildung 11

<u>Zusammenfassung:</u>

Wie die durch Versuche bestätigte Rechnung zeigt, sind in den praktisch vorkommenden Bereichen

1. der Steuerdruck eine lineare Funktion der Schieberauslenkung h
2. der Steuerwiderstand als konstant anzusetzen.

Sie lassen sich nach folgenden Gleichungen berechnen:

$$P_{s1} = \frac{P_0}{2}\left(1 + \frac{2h}{h_{01}}\right) \quad ; \quad P_{s2} = \frac{P_0}{2}\left(1 - \frac{2h}{h_{03}}\right)$$

$$R_{s1} = \frac{1}{G_{s1}} = \frac{\sqrt{P_0}}{\sqrt{2} \cdot B_1 \cdot h_{01}} \quad ; \quad R_{s2} = \frac{1}{G_{s2}} = \frac{\sqrt{P_0}}{\sqrt{2} \cdot B_1 \cdot h_{02}} \quad .$$

<u>2.4 Das elektrische Ersatzbild des hydraulischen Motors</u>

<u>2.41 Ersatzwiderstand</u>

Wenn, wie im vorausgehenden Kapitel gezeigt wurde, der Steuerwiderstand konstant ist, so gilt die Gleichung:

$$q_{s1} = p \cdot G_{s1} = \frac{P}{R_{s1}} \quad . \tag{19}$$

Diese Beziehung ist analog dem Ohmschen Gesetz:

$$I = U \cdot G = \frac{U}{R}$$

U	$\hat{=}$ p	mit der Dimension	kg/cm^2
I	$\hat{=}$ q	mit der Dimension	cm^3/sec
R	$\hat{=}$ R_s	mit der Dimension	$\dfrac{kg\ sec}{cm^5}$

2.42 Ersatzkapazität

Vergleicht man unter diesem Gesichtspunkt die folgenden Gleichungen

$$P_1 = \frac{1}{Q_{01} \cdot \beta} \cdot \int^t q_{\beta_1} \cdot dt \qquad (20)$$

und

$$U_1 = \frac{1}{C_1} \int^t I_{(t)} \cdot dt$$

wobei die letzte die Spannung an einem Kondensator als Funktion des einfließenden Stromes darstellt, so läßt sich $Q_o \cdot \beta_1$ als "Kapazität" eines Ölvolumens deuten. Sie ist ein Maß für die Ölmenge, die für eine Druckänderung von 1 atü erforderlich ist.

2.43 Ersatzinduktivität

Betrachtet man ferner den Ausdruck $\dfrac{m}{F_1^2 \cdot R_g}$ aus Gleichung (10), so muß dieser die Dimension einer Zeit haben. Nach der gleichen Gesetzmäßigkeit ist die Zeitkonstante einer Induktivität gebaut: $\tau = \dfrac{L}{R}$.

Es liegt also nahe, m/F_1^2 als Induktivität aufzufassen. Aus der Dimensionsbetrachtung ergibt sich:

$$L \hat{=} \frac{m}{F^2} \left[\frac{kg\ sec^2}{cm^5}\right] . \qquad (21)$$

2.44 Das vollständige Ersatzbild

Mit diesen Analogien läßt sich das elektrische Ersatzbild (Abb.12) des hydraulischen Motors zusammenstellen. Dabei wird das Verhältnis der Kolbenflächen durch einen idealen Übertrager mit dem gleichen Windungsverhältnis nachgebildet.

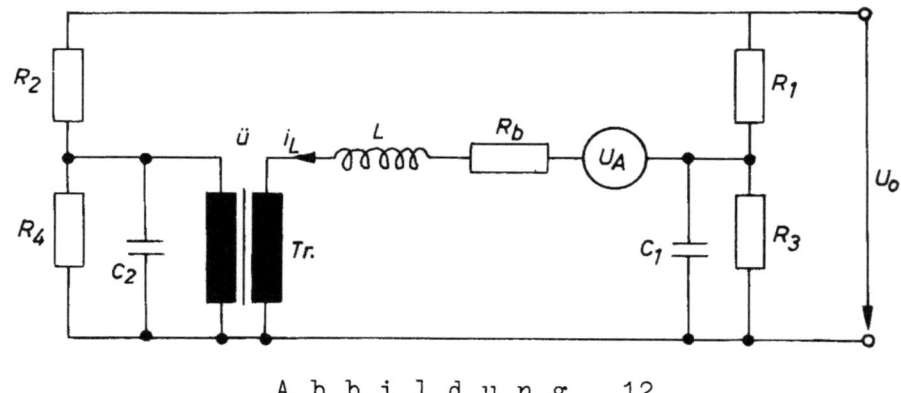

Abbildung 12

Eine Berechnung des Stromes für das gezeigte Ersatzbild führt auf folgende Gleichung:

$$i_{L(\wp)} = \frac{1}{R_g} \cdot \frac{U_{s1}(1+\wp\tau_2) - U_{s2}'(1+\wp\tau_1) - U_A(1+\wp\tau_1)(1+\wp\tau_2)}{\wp^3\tau_1\tau_2\tau_L + \wp^2\left[\tau_L(\tau_1+\tau_2) + \frac{R_b\tau_1\tau_2}{R_g}\right] + \wp\left[\tau_L + \frac{R_b(\tau_1+\tau_2)}{R_g} + \frac{R_{s1}\tau_2 + R_{s2}'\tau_1}{R_g}\right] + 1} \quad (22)$$

mit

$$U_{s1} \triangleq P_{s1} \; ; \quad U_{s2}' \triangleq P_{s2}' \; ;$$

$$\tau_1 = R_{s1} \cdot C_1 \; ; \quad \tau_2 = R_{s2} \cdot C_2 \; ; \quad \tau_L = \frac{L}{R_g} \triangleq \frac{m}{F_1^2 \cdot R_g}$$

Für $\omega \ll \omega_o$; $U_A = 0$ reduziert sich diese Gleichung zu

$$i_L = \frac{U_{s1} - U_{s2}'}{R_{s1} + R_{s2}' + R_b} \triangleq q_L = \frac{P_{s1} - P_{s2}'}{R_{s1} + R_{s2}' + b/F_1^2} \quad (23)$$

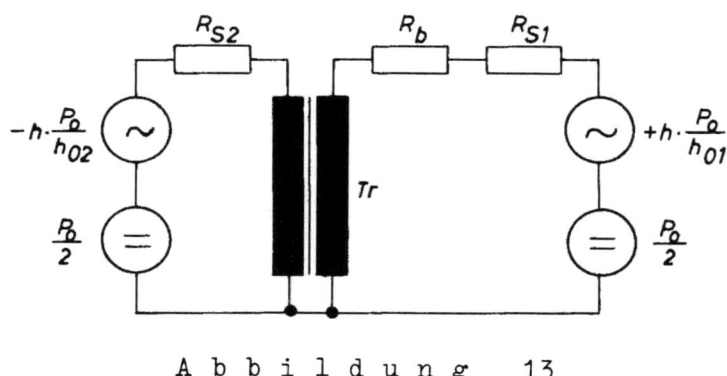

Abbildung 13

Diese Abhängigkeit läßt sich folgendermaßen deuten (Abb.13). Die Druckteilungskombination wird durch die Hintereinanderschaltung einer Gleichdruckquelle $\frac{p_o}{2}$, einer Wechseldruckquelle $h \cdot \frac{p_o}{h_o}$, die gemeinsam den Innenwiderstand R_s besitzen, dargestellt. Vervollständigt man dieses Bild wieder durch die frequenzabhängigen Widerstände und berücksichtigt bei diesem das Flächenverhältnis, so gelangt man zum allgemeinen Ersatzbild des hydraulischen Motors (Abb.14). Dabei stellt I_L den Ölstrom q dar, aus dem sich mit $v = \frac{q}{F_1}$ oder $n = \frac{q}{S}$ (S = Schluckmenge pro Umdrehung eines rotierenden Motors) die Geschwindigkeit des Kolbens oder die Drehzahl der Abtriebswelle bestimmen läßt.

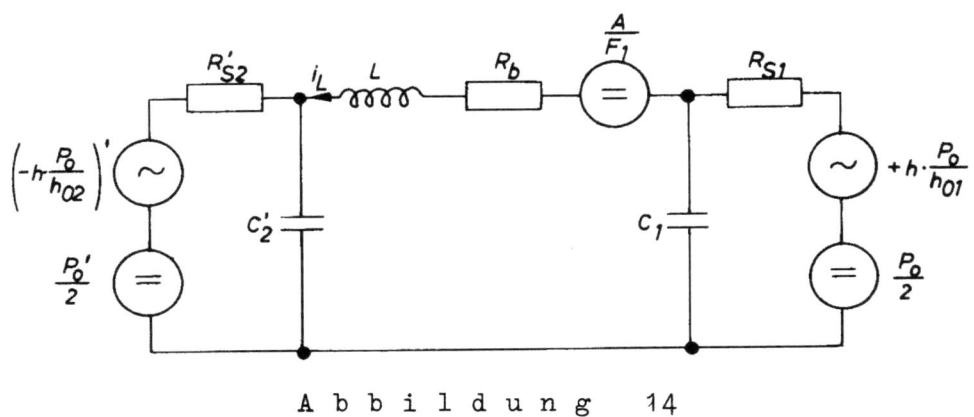

Abbildung 14

Für den rotierenden Motor muß noch die Ersatzinduktivität bestimmt werden. Diese soll aus der Differentialgleichung des Systemes Motor - Steuerwiderstand - Eigendämpfung unter Vernachlässigung der Kompressibilität des Öles nach Abbildung 15 bestimmt werden.

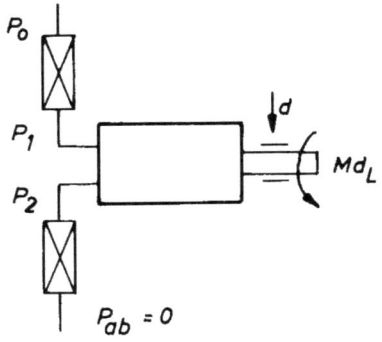

Abbildung 15

$$\Theta \cdot \ddot{\varphi} + d \cdot \dot{\varphi} = Md \quad ; \quad Md = Md^+ \cdot (p_1 - p_2) \qquad (24)$$

mit $\dot{\varphi} = 2\pi n$ und $n = \frac{q}{S}$

$$\dot{\varphi} = 2\pi \frac{q}{S}$$

$$\ddot{\varphi} = 2\pi \frac{\dot{q}}{S}$$

wird daraus:

$$\frac{\theta \cdot 2\pi \cdot \dot{q}}{S} + d \cdot 2\pi \cdot \frac{q}{S} = Md^+ \cdot (p_1 - p_2) \quad ; \quad (p_1 - p_2) = p_0 - q(R_1 + R_2)$$

$$\frac{\theta \cdot 2\pi \cdot \dot{q}}{S \cdot Md^+} + \frac{d \cdot 2\pi \cdot q}{S \cdot Md^+} = p_0 - q(R_1 + R_2)$$

$$\frac{\theta \cdot 2\pi \cdot \dot{q}}{S \cdot Md^+} + \left(\frac{2\pi d}{S \cdot Md^+} + R_1 + R_2\right) \cdot q = p_0 \quad . \tag{25}$$

Ein Vergleich mit der Differentialgleichung führt auf folgende Ersatzwerte:

$$L_R = \frac{2\pi\theta}{S \cdot Md^+} \left[\frac{kg\,sec^2}{cm^5}\right] \quad ; \quad R_d = \frac{2\pi d}{S \cdot Md^+} \left[\frac{kg\,sec}{cm^5}\right] \quad .$$

Setzt man in diesen Gleichungen für L und R nicht S = Schluckmenge pro Umdrehung sondern S^+ = Schluckmenge pro Radian ein, so läßt sich zwischen der Induktivität des translatorischen und der des rotatorischen Motors eine interessante Parallele ziehen.

$$L_R = \frac{\theta}{S^+ \cdot Md^+} \quad ; \quad L_T = \frac{m}{F_1 \cdot F_1} \quad .$$

In Worten ausgedrückt: Die Ersatzinduktivität des Rotationsmotors ist proportional dem Trägheitsmoment θ und umgekehrt proportional der Schluckmenge pro Bewegungseinheit und dem Drehmoment pro Druckeinheit.

Die Ersatzinduktivität des translatorischen Motors ist proportional der Masse m und umgekehrt proportional der Schluckmenge pro Bewegungseinheit und der Kraft pro Druckeinheit.

Weiter kann aufgrund der Beziehungen für L_T darauf geschlossen werden, daß S^+ und Md^* zahlenmäßig und dimensionsmäßig gleich sind. Der Beweis dafür ergibt sich bei der Berechnung der Konstanten der Motoren aus dem geometrischen Aufbau (Abschn. 4.1).

3. Diskussion der Frequenzganggleichung

Die Frequenzganggleichung hatte nach Gleichung (11) die allgemeine Form

$$V_\omega = \frac{1}{F_1 Rg} \cdot \frac{P_{s1}(1+j\omega\tau_2) - P_{s2}'(1+j\omega\tau_1) - \frac{A}{F_1}(1+j\omega\tau_1)(1+j\omega\tau_2)}{1+j\omega\left[\tau_L + \frac{R_L(\tau_1+\tau_2)}{Rg} + \frac{R_{s1}\tau_2 + R_{s2}'\tau_1}{Rg}\right] - \omega^2\left[\tau_L(\tau_1+\tau_2) + \frac{R_L\tau_1\cdot\tau_2}{Rg}\right] - j\omega^3\tau_L\tau_1\tau_2}$$

Zur Ermittlung der stationären Kennwerte wird $\omega = 0$ gesetzt. Damit reduziert sich die Gleichung auf den Ausdruck

$$V_{\omega=0} = \frac{1}{F_1 \cdot Rg}\left(P_{s1} - P_{s2}' - \frac{A}{F_1}\right) \quad . \tag{26}$$

3.1 Statische Kennwerte

3.11 Bestimmung der Kraftverstärkung E_o

Für $v = 0$ bekommt man die Beziehung

$$P_{s1} - P_{s2}' = \frac{A}{F_1} \quad .$$

Setzt man in diese Gleichung den Steuerdruck ein, und berücksichtigt das Flächenverhältnis F_2/F_1, so erhält man

$$\frac{P_o}{2}(F_1 - F_2) + \frac{P_o}{h_{01}} \cdot h \cdot F_1 + \frac{P_o}{h_{02}} \cdot h \cdot F_2 = A$$

$$\frac{P_o}{2} F_1 (1-\ddot{u}) + p_o \cdot h \cdot F_1 \left(\frac{1}{h_{01}} + \frac{\ddot{u}}{h_{02}}\right) = A$$

$$E_o = \frac{dA}{dh} = p_o \cdot F_1 \left(\frac{1}{h_{01}} + \frac{\ddot{u}}{h_{02}}\right) \quad \left[\frac{kg}{cm}\right] \tag{27}$$

3.12 Bestimmung der Geschwindigkeitsverstärkung C_o

Bedingung: $A = 0$

Das führt mit Gleichung (26) auf:

$$v = \frac{p_o(1-\ddot{u})}{2F_1 \cdot Rg} + \frac{h \cdot p_o(1/h_{01} + \ddot{u}/h_{02})}{F_1 \cdot Rg} \tag{28}$$

$$C_o = \frac{dv}{dh} = \frac{p_o \cdot (1/h_{01} + \ddot{u}/h_{02})}{F_1 \cdot Rg} \quad .$$

Da aber $p_o\left(\frac{1}{h_{01}} + \frac{\ddot{u}}{h_{02}}\right) = \frac{E_o}{F_1}$ ist, kann man Gleichung (28) auch auf folgende Weise schreiben:

$$C_o = \frac{E_o}{F_1^2 \cdot Rg} \quad . \tag{29}$$

Sie sagt aus, daß für kleine bezogene Tasterauslenkungen zwischen E_o und C_o Linearität besteht, wie z.B. BACKE [8] durch Versuche gefunden hat. Ferner gestattet sie aber eine direkte Umrechnung, wenn die Flächen des Kolbens und der Gesamtwiderstand R_g bekannt sind.

3.13 Momentverstärkung

In gleicher Weise lassen sich die Kennwerte des rotierenden Motors gewinnen. Für ihn gilt immer das Flächenverhältnis 1.

$$n_{\omega=0} = \frac{1}{S \cdot Rg} \left(P_{s1} - P_{s2} - \frac{Md_L}{Md^+} \right)$$

$$Md_{L(n=0)} = h \cdot Md^+ \cdot p_0 \left(\frac{1}{h_{01}} + \frac{1}{h_{02}} \right) \qquad Md_L = \text{Lastmoment}$$

$$Mo = \frac{d\,Md_L}{dh} = p_0 \, Md^+ \left(\frac{1}{h_{01}} + \frac{1}{h_{02}} \right) \quad . \tag{30}$$

Mit Mo ist die Momentverstärkung bezeichnet.

3.14 Drehzahl- und Winkelgeschwindigkeitsverstärkung

Die Drehzahlverstärkung No ergibt sich für $Md_L = 0$.

$$n = \frac{1}{S \cdot Rg} \cdot p_0 \cdot h \left(\frac{1}{h_{01}} + \frac{1}{h_{02}} \right)$$

$$No = \frac{dn}{dh} = \frac{p_0 \left(\frac{1}{h_{01}} + \frac{1}{h_{02}} \right)}{S \cdot Rg} \qquad \left[\frac{U}{\sec\,cm} \right] \quad . \tag{31}$$

Unter Berücksichtigung von:

$$\frac{Mo}{Md^+} = p_0 \left(\frac{1}{h_{01}} + \frac{1}{h_{02}} \right)$$

lautet dieser Ausdruck:

$$No = \frac{Mo}{S \cdot Md^+ \cdot Rg} \qquad \left[\frac{U}{\sec\,cm} \right] \tag{32}$$

oder, wenn man auf die Winkelgeschwindigkeitsverstärkung W_o übergeht:

$$W_0 = \frac{Mo}{S^+ \cdot Md^+ \cdot Rg} \qquad \left[\frac{rad}{\sec\,cm} \right] \quad . \tag{33}$$

3.2 Ermittlung des dynamischen Verhaltens

Im folgenden soll das dynamische Verhalten der bei Werkzeugmaschinen angewandten Kombinationen Motor - Steuerschieber näher untersucht werden. Dabei lassen sich zunächst zwei Gruppen unterteilen:

3.21 Systeme mit symmetrischem Aufbau, d.h.
$$C_1 = C_2$$
$$F_1 = F_2$$
$$R_{s1} = R_{s2}$$
$$P_{s1} = P_{s2}$$

3.22 Systeme mit unsymmetrischem Aufbau, bei denen eine oder mehrere der o.a. Bedingungen nicht erfüllt sind

Zur Veranschaulichung des dynamischen Verhaltens wurde die Ortskurven-Darstellung gewählt, da ein Analogrechner, der nach Abbildung 16 programmiert war, und ein Ortskurven-Meßplatz zur Verfügung standen.

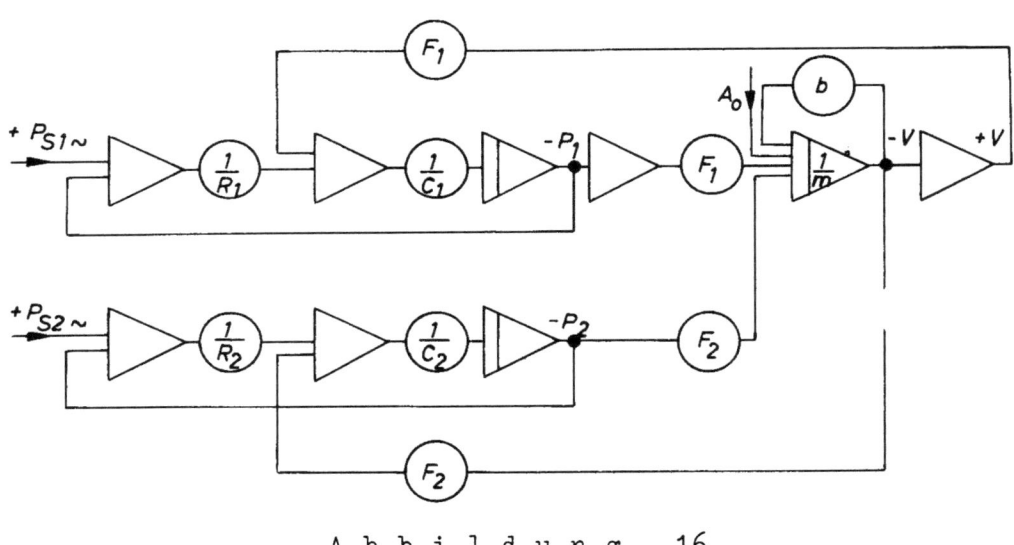

Abbildung 16

Zu 1): Systeme mit symmetrischem Aufbau (Abb. 17 und 18):

Zur Ableitung des Frequenzganges greift man am besten auf Gleichung (9) zurück. Sie lautet mit $\frac{m}{F_1^2} = L$; $\frac{b}{F_1^2} = R_b$

$$V_{(p)} = \frac{1}{F_1} \cdot \frac{P_{s1}(1+p\tau_2) - P'_{s2}(1+p\tau_1) - \frac{A}{F_1}(1+p\tau_1)(1+p\tau_2)}{(R_L + p\tau_L)(1+p\tau_1)(1+p\tau_2) + R_{s1}(1+p\tau_2) + R'_{s2}(1+p\tau_1)}$$

Daraus wird mit den o.a. Symmetriebedingungen und Nullsetzen der Störkraft A:

Seite 25

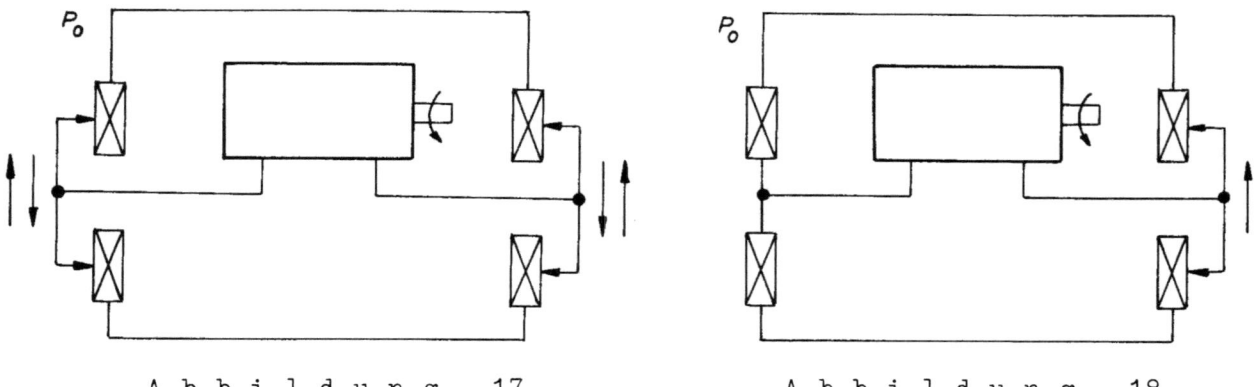

Abbildung 17 Abbildung 18.

$$V_{(p)} = \frac{2P_o \frac{h}{h_o}}{F_1(2R_{s1}+R_\ell)} \cdot \frac{1}{1+\gamma\left(\frac{R_\ell \cdot \tau_1}{Rg}+\tau_L\right)+\gamma^2 \tau_1 \tau_L} \quad (34)$$

oder

$$V_{(\omega)} = \frac{2P_o \frac{h}{h_o}}{F_1(2R_{s1}+R_\ell)} \cdot \frac{1}{1+j\omega\left(\frac{R_\ell \tau_1}{Rg}+\tau_L\right)-\omega^2 \tau_1 \tau_L} \quad . \quad (35)$$

Das symmetrische System ist also von zweiter Ordnung. Zum Zwecke der Normierung werden folgende Bezeichnungen eingeführt:

$$\omega_o = \frac{1}{\sqrt{L \cdot C^+}} \; ; \; Z_o = \sqrt{\frac{L}{C^+}} \; ; \; \Omega = \frac{\omega}{\omega_o} \; ; \; C^+ = \frac{C_1}{2} = \frac{C_2'}{2} \; ; \; K_b = \frac{R_\ell}{R_{s1}} \quad .$$

Damit läßt sich Gleichung (35) folgendermaßen schreiben:

$$V_\Omega = \frac{2P_o \cdot h/h_o}{F_1 \cdot R_{s1}(2+K_b)} \cdot \frac{1}{1+j\Omega\left(\frac{R_\ell}{Z_o} \cdot \frac{2}{2+K_b}+\frac{Z_o}{2R_{s1}} \cdot \frac{2}{2+K_b}\right)-\Omega^2 \cdot \frac{2}{2+K_b}} \quad (36)$$

Für eine numerische Berechnung wird zweckmäßig der Nenner reell gemacht.

$$V_\Omega = \frac{2P_o \cdot \frac{h}{h_o}}{F_1 \cdot R_{s1}(2+K_b)} \cdot \frac{\left(1-\Omega^2 \frac{2}{2+K_b}\right)-j\Omega\left(\frac{R_\ell}{Z_o} \cdot \frac{2}{2+K_b}+\frac{Z_o}{2R_{s1}} \cdot \frac{2}{2+K_b}\right)}{\left(1-\Omega^2 \frac{2}{2+K_b}\right)^2+\Omega^2\left(\frac{R_\ell}{Z_o} \cdot \frac{2}{2+K_b}+\frac{Z_o}{2R_{s1}} \cdot \frac{2}{2+K_b}\right)^2} \quad (37)$$

Daraus lassen sich nun die bezogene Frequenz $\Omega_{90°}$, bei der der Realteil gleich 0 wird und die Länge des Vektors $V_{90°}$ berechnen.

$$\Omega_{(90°)} = \sqrt{\frac{2+K_b}{2}} \; ; \quad V_{(90°)} = \frac{2P_o \frac{h}{h}}{F_1 \cdot R_{s1}(2+K_b)} \cdot \frac{-1}{\sqrt{\frac{2}{2+K_b}}\left(\frac{R_\ell}{Z_o}+\frac{Z_o}{2R_{s1}}\right)} \quad .$$

Diese beiden Werte sollen zum Zwecke eines Vergleiches auch für die anderen Systeme bestimmt werden, da bei Berücksichtigung des integralen Verhaltens des Motors als Phasenrand für den übrigen Teil des Regelkreises 0 Grad überbleiben, bei entsprechender Gesamtverstärkung der Regelkreis also instabil wird.

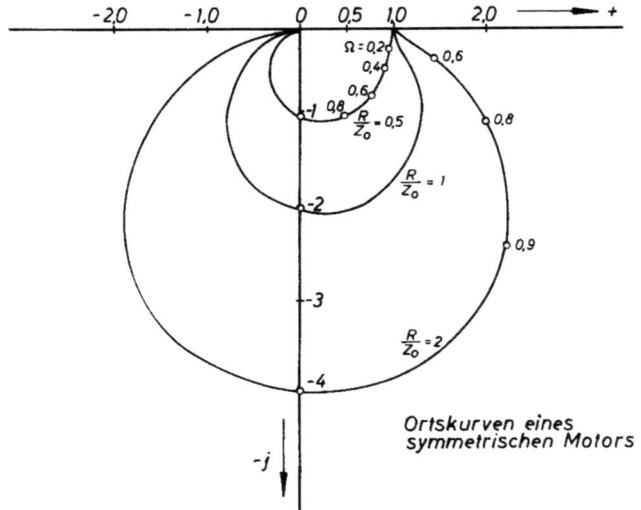

Abbildung 19

Die Ortskurven für das symmetrische System sind in Abbildung 19 dargestellt. Sie weiten sich mit zunehmendem R_s/Z_o in Richtung der negativ-imaginären Achse aus, d.h. die Dämpfung wird geringer. Um die Darstellung übersichtlich zu halten, wurde in dieser und den folgenden Abbildungen die Eigendämpfung $R_b = 0$ gesetzt.

Für das symmetrische System mit nur zwei Steuerkanten, wie es Abbildung 18 zeigt, geht die Drehzahlverstärkung N_o auf die Hälfte zurück, da entweder P_{s1} oder P_{s2} nicht durch den Steuerschieberweg h geändert wird.

Zu 2): Systeme mit unsymmetrischem Aufbau

An Hand von vier Beispielen sollen nun die Einflüsse ungleicher Ölvolumen, Kolbenflächen und Steuerschieberpaare auf das dynamische Verhalten eines hydraulischen Stellgliedes aufgezeigt werden.

Das allgemeine System

Für dieses gelten die Voraussetzungen:

$$C_1 \neq C_2; \quad P_{s1} \neq P_{s2}; \quad R_{s1} \neq R_{s2}'; \quad F_1 \neq F_2$$

Durch Normieren und Einführen der Proportionalitätsfaktoren

$$K_s = -P_{s2'}/P_{s1}; \quad K_2 = R_{s2'}/R_{s1}; \quad K_b = R_b/R_{s1}; \quad U_{c1} = C^+/C_1; \quad U_{c2} = \frac{C^+}{C_2}$$

kann $V_{(\Omega)}$ in folgender Weise dargestellt werden:

Seite 27

$$V_{(\Omega)} = \frac{P_{s1}}{F_1 \cdot R_g} \cdot \frac{\overset{A}{\left[1+K_s\right]} + j\Omega \overset{B}{\left[\frac{R_{s1}}{Z_o}(K_2 \cdot U_{c2}+K_s \cdot U_{c1})\right]}}{-j\Omega^3 \underset{C}{\left[\frac{R_{s1}}{Z_o} \cdot \frac{K_2 U_{c1} U_{c2}}{1+K_2+K_b}\right]} - \Omega^2 \underset{D}{\left[\frac{U_{c1}+K_2 U_{c2}}{1+K_2+K_b}+\frac{R_{s1}^2}{Z_o^2} \cdot \frac{K_b K_2 U_{c1} U_{c2}}{1+K_2+K_b}\right]} + j\Omega \underset{E}{\left[\frac{Z_o}{R_{s1}} \cdot \frac{1}{1+K_2+K_b}+\frac{R_{s1}}{Z_o} K_b \left(\frac{U_{c1}+K_2 U_{c2}}{1+K_2+K_b}\right)+\frac{R_{s1}}{Z_o}\left(\frac{K_2(U_{c1}+U_{c2})}{1+K_2+K_b}\right)\right]} + 1} \quad (38)$$

Zur Berechnung der Vergleichswerte $\Omega_{90°}$ und $V_{90°}$ wird der Nenner zweckmäßig reell gemacht. Um die Rechnung zu vereinfachen, werden die geklammerten Ausdrücke mit den Buchstaben A bis E bezeichnet.

$$V_{(\Omega)} = \frac{P_{s1}}{F_1 \cdot R_g} \cdot \frac{A(1-\Omega^2 D) + \Omega^2 B(E-\Omega^2 C) + j\left[\Omega B(1-\Omega^2 D) - A \cdot \Omega(E-\Omega^2 C)\right]}{(1-\Omega^2 D)^2 + \Omega^2(E-\Omega^2 C)^2} \quad . \quad (39)$$

Zur Bestimmung von $\Omega_{90°}$ ist der Realteil 0 zu setzen.

$$A(1-\Omega^2 D) + \Omega^2 B(E-\Omega^2 C) = 0 \quad (40)$$

$$\Omega^2_{90°} = -\frac{AD-BE}{2BC} \pm \sqrt{\frac{A}{BC} + \left(\frac{AD-BE}{2BC}\right)^2} \quad .$$

V_{90} erhält man nach Einsetzen von $\Omega_{90°}$ in die Gleichung (39)

$$V_{(90°)} = \frac{P_{s1}}{F_1 \cdot R_g} \cdot \frac{\Omega B(1-\Omega^2 D) - \Omega A(E-\Omega^2 C)}{(1-\Omega^2 D)^2 + \Omega^2(E-\Omega^2 C)^2} \quad . \quad (41)$$

Mit Hilfe der Bedingung: Realteil für $\Omega_{90°} = 0$ läßt sich dieser Ausdruck noch weiter vereinfachen:

$$V_{(90°)} = -\frac{P_{s1}}{F_1 \cdot R_g} \cdot \frac{A}{\Omega_{90°}(E-\Omega^2_{90°} C)} \quad . \quad (42)$$

Aus Gleichung (39) lassen sich durch Rechnung noch weitere Eigenschaften der Ortskurve gewinnen. Das Schneiden der negativ-imaginären Achse deutet darauf hin, daß die Ortskurve mindestens zwei Quadranten durchläuft. Gibt es weitere Schnittpunkte, so müssen sich auch positiv-imaginäre Komponenten nachweisen lassen. Das führt nach Gleichung (39) zu der Bedingung:

$$\Omega^2 > \frac{AE - B}{AC - BD} \quad (43)$$

Es gibt nur dann einen reellen Ω-Wert - und damit einen Schnittpunkt mit der realen Achse des Koordinatenkreuzes - wenn $\frac{AE - B}{AC - BD} > 0$ ist.

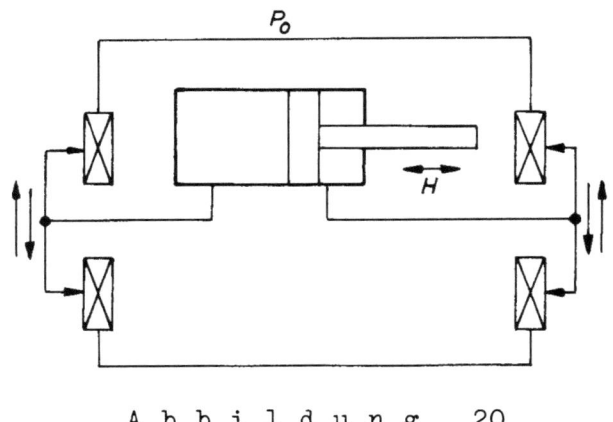

Abbildung 20

Ortskurven eines unsymmetrischen Systems nach Abbildung 20 mit ü = 0,5; $R_{s1} = R_{s2} = 1$; $Z_o = 1$ sind in Abbildung 21 wiedergegeben. Da sich die Ölvolumen auf beiden Seiten mit der Stellung des Kolbens ändern, erhält man veränderliche Koeffizienten U_{c1} und U_{c2}. Die Ortskurven ändern sich ebenfalls mit der Kolbenlage.

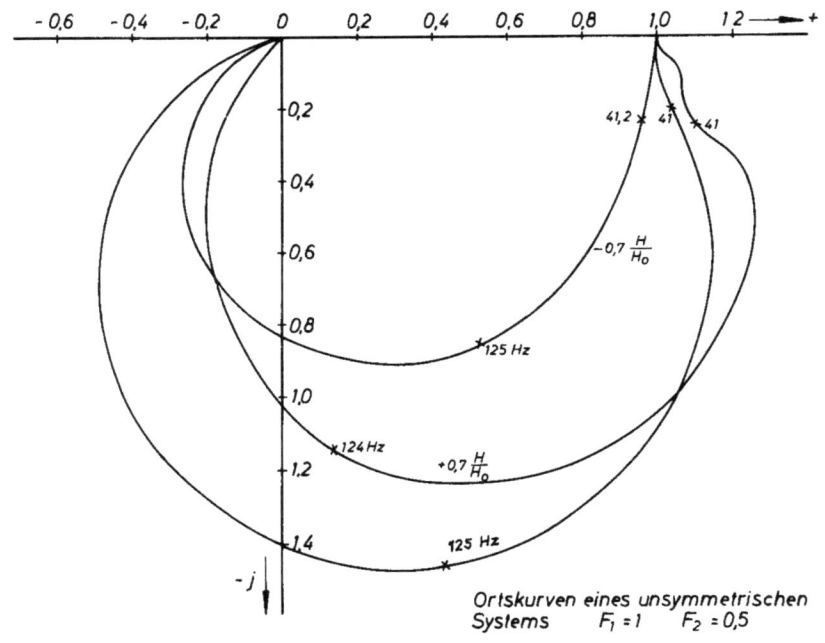

Abbildung 21

Bezeichnet man mit H_o den halben Kolbenhub, mit +H die Entfernung des Kolbens von der Mittelstellung in Richtung ausfahrender Kolbenstange - siehe Abbildung 20 - so läßt sich diese Stellungsabhängigkeit der Ortskurven über dem Verhältnis H/H_o darstellen. Das Ölvolumen der Zuleitungen zum Kolbenmotor wurde zur Vereinfachung = 0 gesetzt.

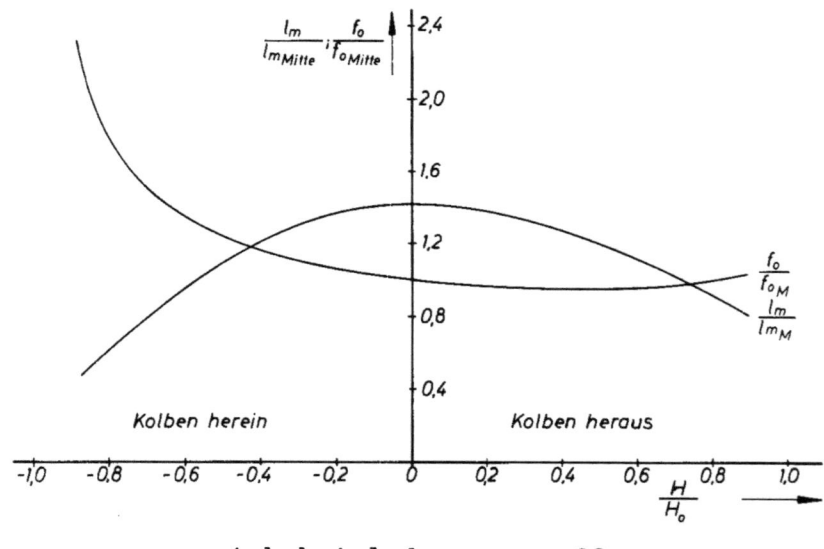

Abbildung 22

Abbildung 22 zeigt die Änderung der 90°-Frequenz und der Dämpfung als Funktion der Kolbenstellung, wenn man den ganzen Bereich von $H/H_o = -1$ bis $+1$ durchfährt. Die Ortskurven der Abbildung 21 stellen praktisch "Momentaufnahmen" für die H/H_o-Werte $-0,7$; 0; $+0,7$ dar.

Als nächstes soll ein Kolbentrieb mit gleichen Flächen untersucht werden, wie er in Abbildung 23 schematisch dargestellt ist.

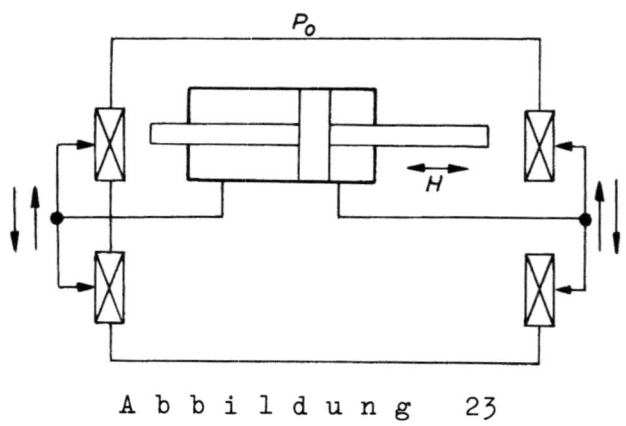

Abbildung 23

Es sei:

$$k_s = -1; \quad k_2 = 1; \quad F_1 = F_2; \quad A = 0.$$

Auch hier sind wieder U_{c1} und U_{c2} eine Funktion der augenblicklichen Kolbenstellung.

Mit Berücksichtigung von $F_1 = F_2$ lassen sich nach Abbildung 23 U_{c1} und U_{c2} sehr einfach bestimmen.

Nach Gleichung (38) war $U_{c1} = C_1/C^+$ bzw. $U_{c2} = C_2/C^+$

$$C^+ = \frac{C_1 \cdot C_2}{C_1 + C_2} = \frac{H_o \cdot F_1}{2} \left(1 - \left(\frac{H}{H_o}\right)^2\right)$$

damit ergeben sich:

$$U_{c1} = \frac{2}{1 + \frac{H}{H_o}}; \quad U_{c2} = \frac{2}{1 - \frac{H}{H_o}} \quad . \tag{44}$$

Für den Fall $R_s/Z_o = 1$ wurden der Verlauf der $90°$-Frequenz und die Länge des Vektors $V_{90°}$ numerisch ermittelt und in Abbildung 24 dargestellt.

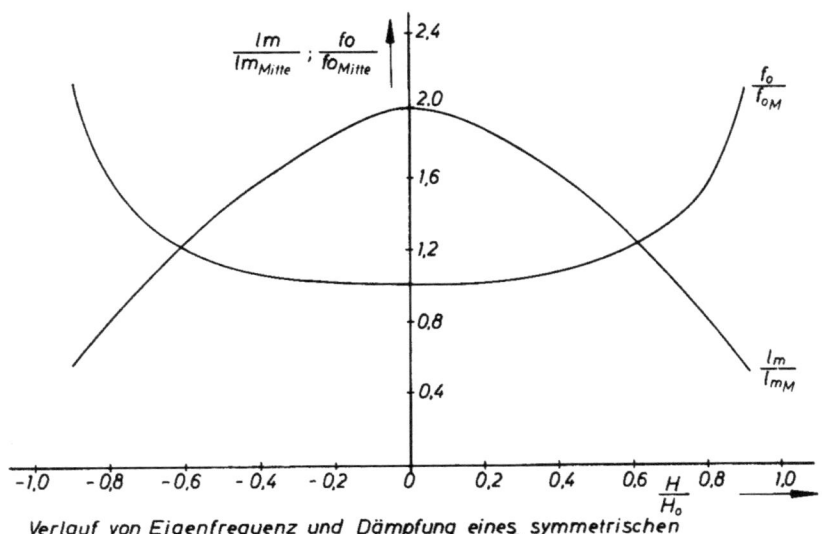

Verlauf von Eigenfrequenz und Dämpfung eines symmetrischen Kolbentriebes als Funktion der Kolbenstellung $\frac{R}{Z_o} = 1$

A b b i l d u n g   24

Ortskurven für verschiedene Werte von R_s/Z_o und U_{c1} bzw. U_{c2} sind der Abbildung 25 zu entnehmen.

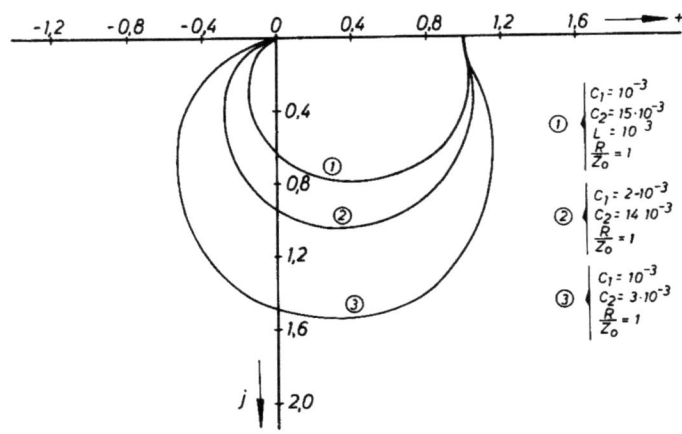

A b b i l d u n g   25a

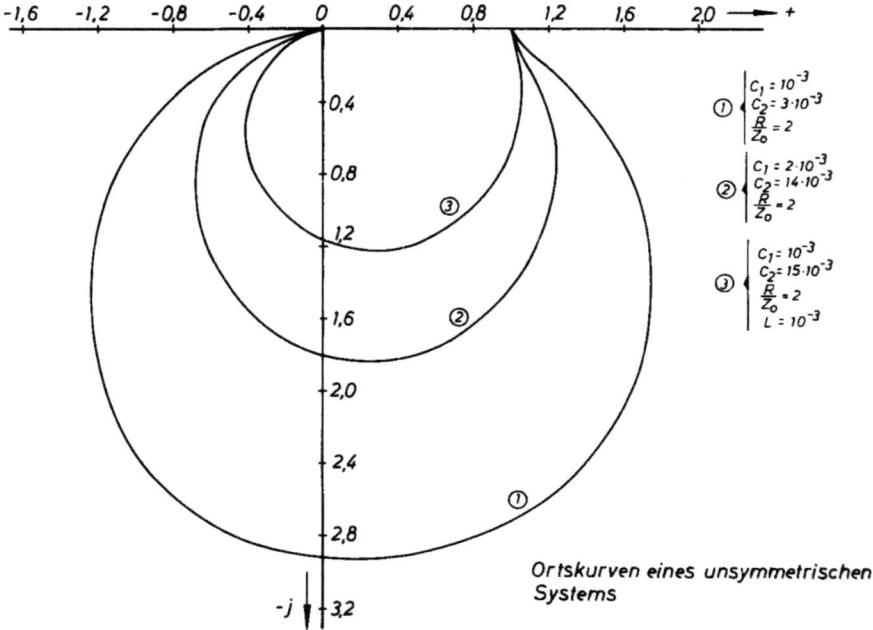

Abbildung 25b

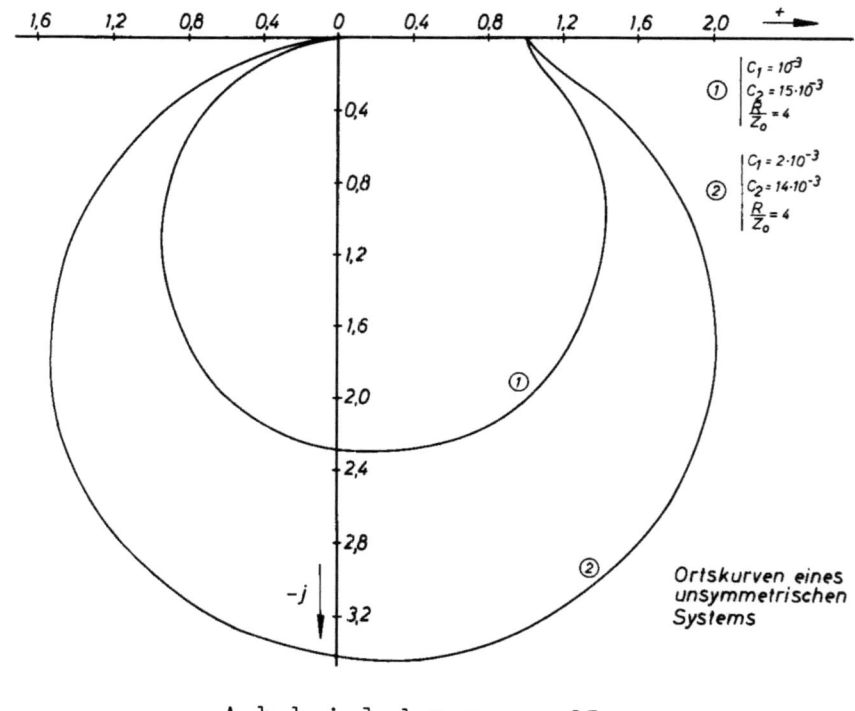

Abbildung 25c

Seite 32

Da auch unter extremen Versuchsbedingungen keine positiv-imaginären Komponenten der Ortskurve zu messen waren, soll überprüft werden, ob diese aufgrund der Frequenzganggleichung überhaupt auftreten können.

Setzt man die Werte A - E in die dafür unter Gleichung (43) gefundene Bedingung $\frac{AE - B}{AC - BD} > 0$ ein, so erhält man nach einigen Zwischenrechnungen mit $U_{c1} + U_{c2} = U_{c1} \cdot U_{c2}$.

$$\frac{\frac{2 Z_o^2}{R_{s1}^2 (U_{c1} \cdot U_{c2})} + K_b}{2 - U_{c1} \cdot U_{c2} \left(1 + K_b \frac{R_{s1}^2}{Z_o^2}\right)} > 0 \quad . \tag{45}$$

Da, wie gezeigt werden kann, $U_{c1} \cdot U_{c2} \geq 4$ ist, der Zähler immer positiv bleibt, so wird die angeführte Bedingung in keinem Falle erfüllt. Die Ortskurve eines nur in den Ölvolumen unsymmetrischen Systems geht deshalb immer nur durch zwei Quadranten.

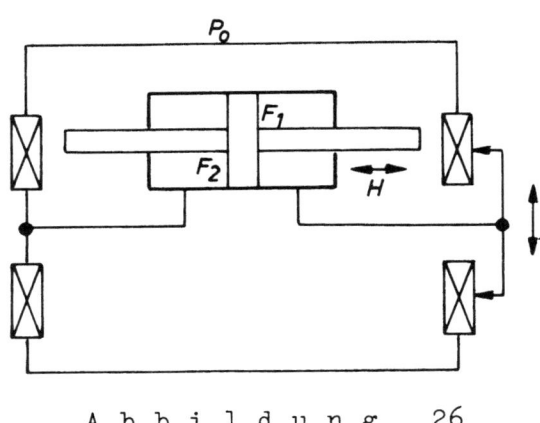

Abbildung 26

Diese Verhältnisse ändern sich sofort, wenn ein Steuerkantenpaar konstant gehalten wird, wie es in Abbildung 26 gezeigt ist. Im Falle des symmetrischen Systems brachte das nur ein Absinken der Drehzahlverstärkung auf die Hälfte. Die Ortskurven behielten den gleichen Verlauf. Anders liegen die Verhältnisse beim unsymmetrischen System.

Abbildung 27 zeigt wiederum drei Ortskurven, die an den Stellen H/H_o; 0,7; 0; -0,7 aufgenommen wurden.

Die Konstanten hatten folgende Werte:

$$k_s = 0; \; k_2 = 1; \; ü = 1; \; z_o = 1.$$

Mit größer werdendem Ölvolumen auf der Seite der aktiven Steuerkanten steigt die Dämpfung stark an, die 90° Frequenz ändert sich nur geringfügig.

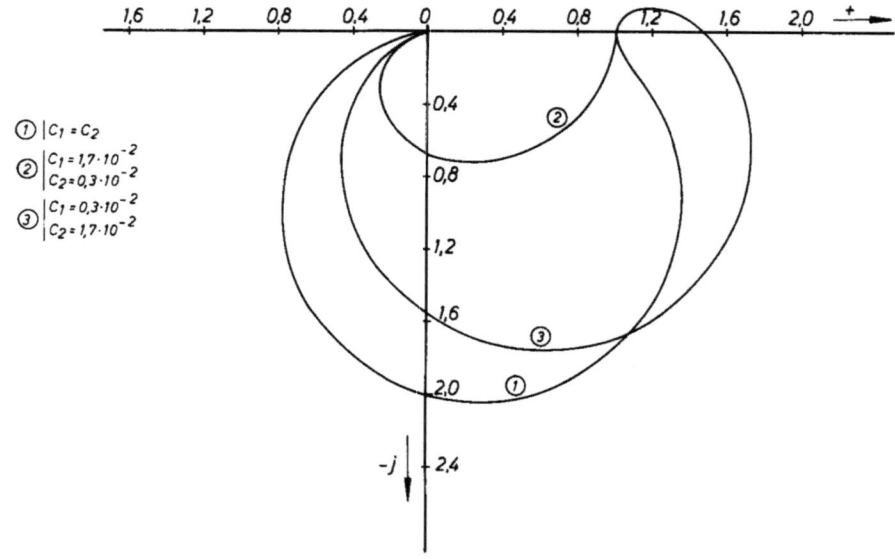

Abbildung 27

Liegt das größere Ölvolumen auf der passiven Seite des Systems, so erhöht sich die 90°-Frequenz und die Ortskurve geht bei kleinen Ω-Werten durch den ersten Quadranten des Koordinatensystemes. Die Wirkung ist also die gleiche, als ob ein besonderes Vorhalt-Glied vorhanden wäre.

Die Kontrollrechnung anhand der Ortskurvengleichung (38) führt mit der Bedingung $\frac{AE - B}{AC - BD} > 0$ auf:

$$\frac{\frac{Z_o^2}{R_{s1}^2 U_{c1} U_{c2}} + 1 + K_b - \frac{2 + K_b}{U_{c1}}}{1 - U_{c2}\left(1 + K_b \frac{R_{s1}^2}{Z_o^2}\right)} > 0 \quad . \tag{46}$$

Da gezeigt werden kann, daß $U_{c2} \gtreqless 1$ ist, bleibt der Nenner immer negativ.

Daraus folgt für eine Ortskurve durch drei Quadranten:

$$\frac{Z_o^2}{R_{s1}^2 U_{c1} U_{c2}} + 1 + K_b < \frac{2 + K_b}{U_{c1}} \tag{47}$$

mit $U_{c1} = \frac{C_1 + C_2}{C_2}$; $U_{c2} = \frac{C_1 + C_2}{C_1}$ lautet der umgeformte Ausdruck:

$$\frac{C_1}{C_2} + K_b \frac{C_1 + C_2}{C_2} + \frac{Z_o^2}{R_{s1}^2} < \frac{C_2}{C_1} \quad . \tag{48}$$

Wie ersichtlich, wird diese Bedingung nie für $C_1 > C_2$ erfüllt sein. Für $C_2 > C_1$ üben k_b und Z_o/R_{s1} einen den Vorhalt vermindernden Einfluß aus.

Läßt man in dem zur Diskussion stehenden System die passiven Drosselstellen wegfallen und stellt das Kräftegleichgewicht durch eine halb so große Fläche wieder her, so gelangt man zu einem Aufbau, wie er in Abbildung 28 dargestellt ist. Das elektrische Ersatzbild dieser Anordnung zeigt Abbildung 29. Diesem ist zu entnehmen, daß $R_{s2} = 0$ und $P_{s2'} = \frac{P_0}{2} =$ konstant ist.

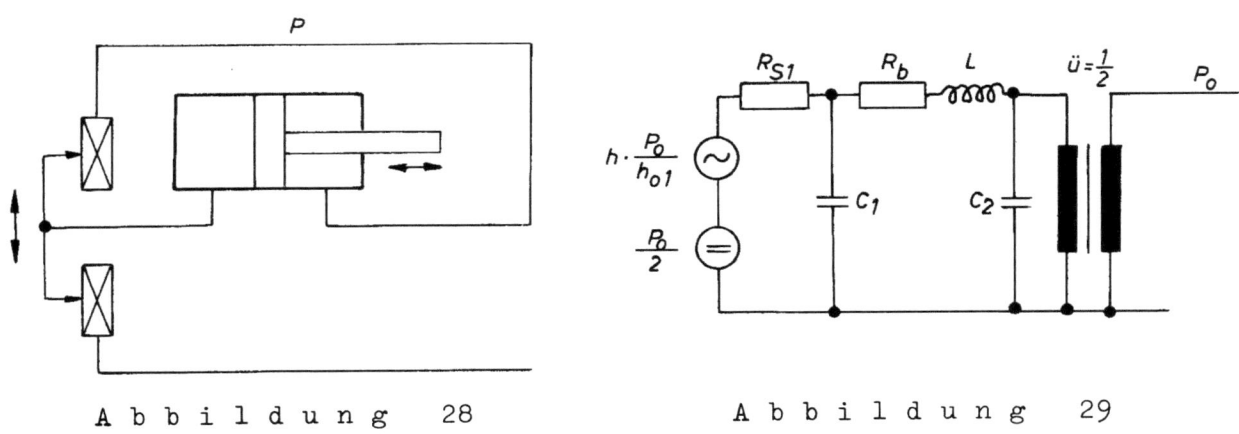

Abbildung 28   Abbildung 29

Damit wird aus Gleichung (8)

$$M_{Q(g)} = \frac{1}{F_1} \cdot \frac{P_{s1} - \frac{P_0}{2} - \frac{A}{F_1}(1+g\tau_1)}{(R_\ell + gL)(1+g\tau_1) + R_{s1}} = \frac{1}{F_1(R_{s1}+R_\ell)} \cdot \frac{\frac{P_0}{h_{01}} \cdot h - \frac{A}{F_1}(1+g\tau_1)}{1 + g \frac{L}{Rg} + g^2 L C_1 \frac{R_{s1}}{Rg}} \quad (49)$$

Daraus ergeben sich Kraftverstärkung und Geschwindigkeitsverstärkung

$$E_0 = \frac{F_1 \, P_0}{h_{01}} \; ; \quad C_0 = \frac{P_0}{h_{01}} \cdot \frac{1}{F_1 \cdot Rg} = \frac{E_0}{F_1^2 \cdot Rg} \quad . \quad (50)$$

Der normierte Frequenzgang lautet:

$$V_{(\Omega)} = \frac{\frac{P_0}{h_{01}} \cdot h}{F_1 \cdot Rg} \cdot \frac{1}{1 + j\Omega \frac{Z_0}{R_{s1}(1+K_b)} - \Omega^2 \frac{1}{1+K_b}} \quad (51)$$

$$\Omega_{(90°)} = \sqrt{1+K_b} \; ; \quad V_{(90°)} = - \frac{P_0 \cdot \frac{h}{h_{01}}}{F_1(R_\ell + R_{s1})} \cdot \frac{R_{s1}}{Z_0} \sqrt{1+K_b} \quad . \quad (52)$$

Da sich C_1 ebenfalls mit der Kolbenstellung ändert, sind das Verhältnis der 90°-Frequenz und der Imaginärteilgröße – bezogen auf die Mittelstellung – in Abbildung 30 dargestellt. Die angegebenen Werte sind unabhängig

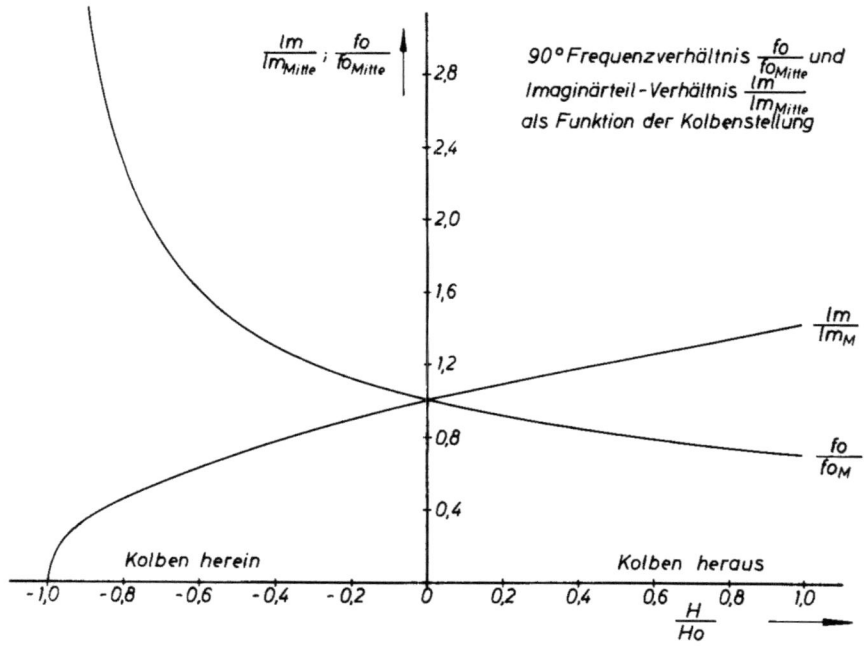

Abbildung 30

von der sogenannten inneren Dämpfung R_b. Abbildung 31 zeigt die zu den Stellungen $\frac{H}{H_o}$ = 0; +0,7; -0,7 gehörenden Ortskurven für R_b = 0 und $\frac{R_{s1}}{Z_o}$ = 1.

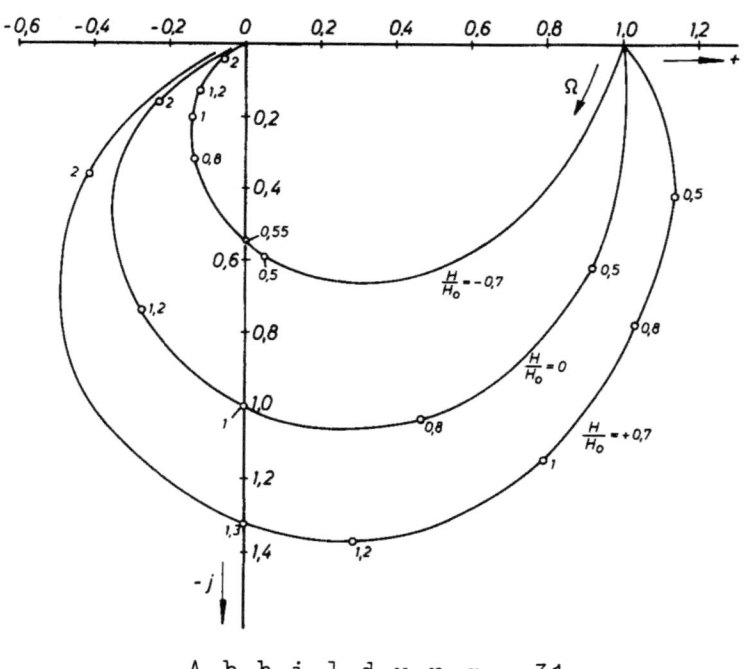

Abbildung 31

4. Messungen an verschiedenen Motortypen

4.1 Bestimmung der Motorkonstanten

Sollen die im voraufgegangenen Abschnitt angegebenen Frequenzganggleichungen numerisch ausgewertet werden, so müssen Steuerdruck, Steuerwiderstand, der innere Widerstand des Motors sowie seine Masse bzw. sein Trägheitsmoment und die Kraft pro Druckeinheit oder die Schluckmenge pro Bewegungseinheit bestimmt werden. Die Aufnahme der Kennwerte des Steuerschiebers wurde schon im Abschnitt 2.2 beschrieben. Im folgenden sollen nun Hinweise für die Bestimmung der restlichen Konstanten gegeben werden.

4.11 Masse, Trägheitsmoment

Als resultierende Masse bzw. Trägheitsmoment ist in die Frequenzganggleichung die Masse oder das Trägheitsmoment des Motors und aller durch ihn bewegten Maschinenelemente einzusetzen. Wichtig ist, daß die Trägheitskräfte unter Berücksichtigung aller Übersetzungsverhältnisse auf den Kolben oder die Welle des Motors bezogen werden. Dabei läßt sich das Ersatzträgheitsmoment einer Masse m nach der Gleichung

$$\Theta_m = m \cdot \frac{s^2}{4\pi^2} \tag{53}$$

und die Ersatzmasse eines Trägheitsmomentes nach der Gleichung

$$m_\Theta = \Theta \cdot \frac{4\pi^2}{s^2} \tag{54}$$

berechnen. Darin stellt s die Steigung einer Gewindespindel dar. Die Zahlenwerte selbst lassen sich nach bekannten Verfahren durch Rechnung oder Messung bestimmen.

4.12 Drehmoment, Kraft, Schluckmenge

Die Berechnung dieser Motorkonstanten ist schon an verschiedenen Stellen durchgeführt worden (Lit.[3],[4]). Es sollen daher nur die Gleichungen ohne Ableitung angeführt werden.

1. Axialkolbenmotor

$$S = z \cdot f \cdot h \quad \left[\frac{cm^3}{U}\right]$$

$$M_d = \Delta p \cdot \frac{z \cdot f \cdot h}{2\pi} \quad [cm\ kg]$$

$$S^+ = \frac{z \cdot f \cdot h}{2\pi} \quad \left[\frac{cm^3}{rad}\right] \tag{55}$$

$$M_d^+ = \frac{z \cdot f \cdot h}{2\pi} \quad [cm^3]$$

2. Flügelzellenmotor

$$S = 2\pi \cdot 2b \cdot E (R + E) \quad \left[\frac{cm^3}{U}\right]$$

$$M_d = \Delta p \cdot 2b \cdot E \cdot (R + E) \quad [cm\ kg]$$

$$S^+ = 2b \cdot E \cdot (R + E) \quad \left[\frac{cm^3}{rad}\right] \tag{56}$$

$$M_d^+ = 2b \cdot E \cdot (R + E) \quad [cm^3]$$

Die Bezeichnungen sind den Abbildungen 32 und 33 zu entnehmen. Die angeführten Gleichungen gelten beim Axialkolbenmotor unter folgenden Voraussetzungen:

Für die Berechnung des Momentes wird eine auf den halben Umfang gleichmäßig verteilte Kraft

$$K = \frac{\Delta p \cdot z \cdot f}{2\pi}$$

angesetzt.

Beim Flügelzellenmotor wurden Flügel der Stärke d = 0 angenommen. Aus den so gewonnenen Konstanten läßt sich die Ersatzinduktivität für die Motorentypen bestimmen.

$$L = \frac{\Theta}{(M_d^+)^2} = \frac{\Theta}{(S^+)^2} \quad \frac{kg\ sec^2}{cm^5} \tag{57}$$

Die Ersatzkapazität ergibt sich aus dem auf jeder Motorseite befindlichen Ölvolumen. Dieses wird am zweckmäßigsten durch Auslitern bestimmt. Als Mittelwert für die Kompressionszahl β hat sich bei einer Reihe von Versuchen ein Wert von $1{,}5 \cdot 10^{-4}$ ergeben.

Besonderes Augenmerk ist auf eine vollständige Entlüftung des gesamten Systems Steuerschieber - Leitungen - Motor zu richten, da schon kleinste Luftvolumina eine erhebliche Zunahme der Ersatzkapazität zur Folge haben.

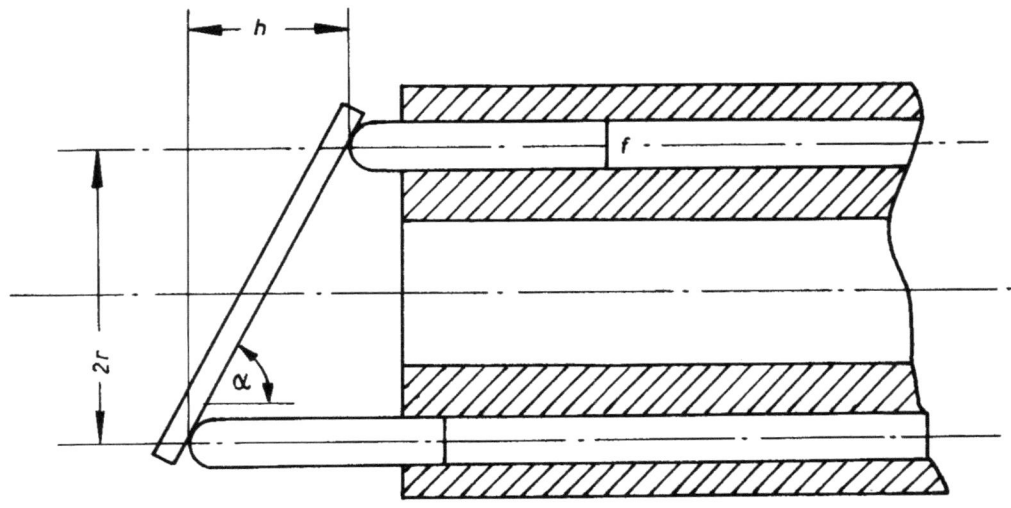

Abbildung 32

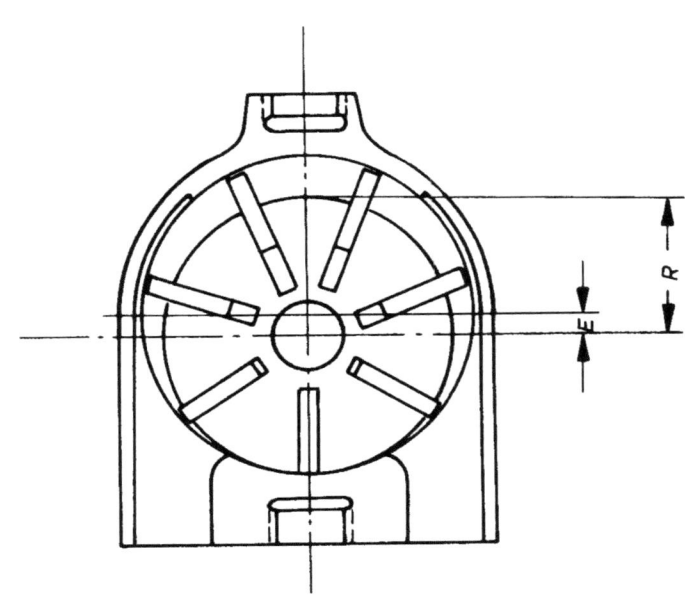

Abbildung 33

In der folgenden Tabelle (Abb.34) sind die Konstanten einiger Motoren verschiedener Bauart und Größe aufgeführt.

4.13 Der innere Dämpfungswiderstand

Der innere Dämpfungswiderstand der Motoren ist einer Berechnung kaum zugänglich. Er setzt sich aus Strömungswiderständen, aus NEWTONscher und COULOMBscher Reibung zusammen. Dabei ändern sich die einzelnen Anteile im allgemeinen mit der Drehzahl, der Differenz und der Summe P_1 und P_2. Aus diesem Grunde wurde der Innenwiderstand, der in der Abbildung 34

Motor	Schluck-menge S [cm³]	Trägheits-moment Θ [kgcm sec²]	Öl-inhalt (beide Seiten) [cm³]	Md* [cmkg/atü]	$L = \frac{\Theta}{Md \times 2}$ [kgsec²/cm5]	$c_1 = c_2$ [cm⁵/kg]
A	135	91 ·10⁻³	310	21,5	1,97 ·10⁻⁴	232,4·10⁻⁴
B	30	32,6·10⁻³	210	4,77	14,3 ·10⁻⁴	157,5·10⁻⁴
B	50	32,6·10⁻³	210	7,96	5,15 ·10⁻⁴	157,5·10⁻⁴
C	90	45 ·10⁻³	215	14,3	2,2 ·10⁻⁴	161,2·10⁻⁴
D	57	8,75·10⁻³	150	9,06	1,07 ·10⁻⁴	112,5·10⁻⁴
E	50	102 ·10⁻³	105	7,96	16,1 ·10⁻⁴	78,8·10⁻⁴
E	29	102 ·10⁻³	105	4,62	47,9 ·10⁻⁴	78,8·10⁻⁴
F	71,1	11,0·10⁻³	185	11,3	0,861·10⁻⁴	138,7·10⁻⁴

A b b i l d u n g 34

Kennwerte verschiedener Hydraulikmotoren

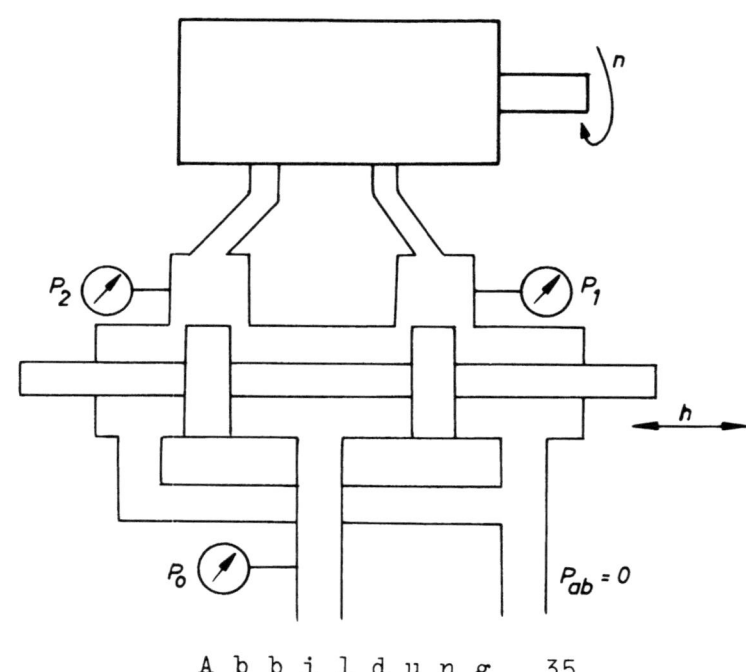

A b b i l d u n g 35

angeführten Motoren durch einen Versuch, dessen prinzipiellen Aufbau Abbildung 35 darstellt, bestimmt. Die gewonnenen Ergebnisse sind in den Abbildungen 36 bis 40 gezeigt. Über der Summe $P_1 + P_2$ ist die bei einer bestimmten Drehzahl n erforderliche Druckdifferenz $\Delta p = p_1 - p_2$ aufgetragen. Auffällig sind die unterschiedlichen Steigungen der Geraden, die beim Axialkolbenmotor auf das Verklemmen der Kolben, beim Flügelzellenmotor auf das Verklemmen der Flügel zurückzuführen sind. Dieses Klemmen wirkt sich besonders beim Anfahren aus dem Stillstand störend aus und führt zu einer je nach Motortype sehr unterschiedlichen Ansprechempfindlichkeit.

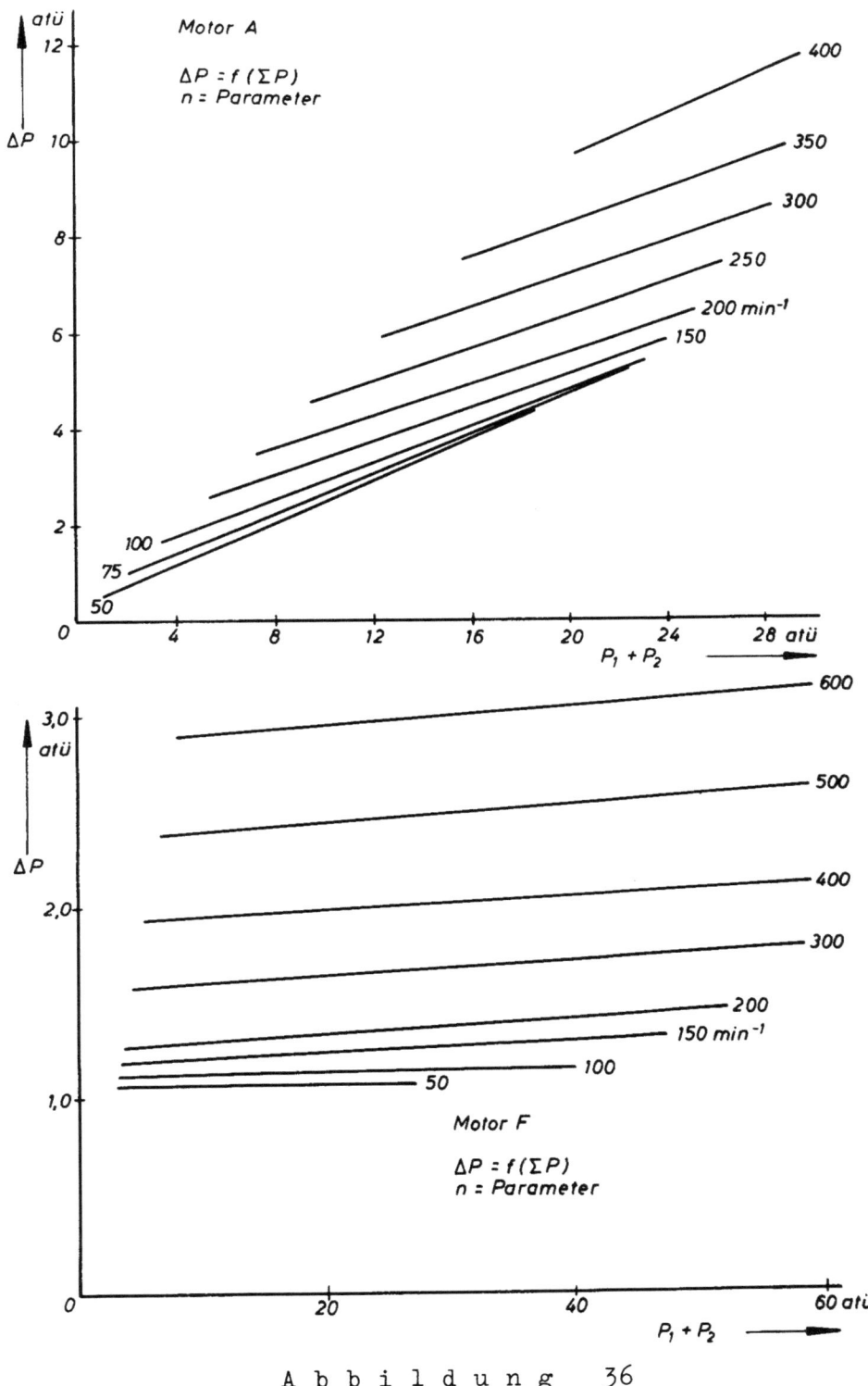

Abbildung 36

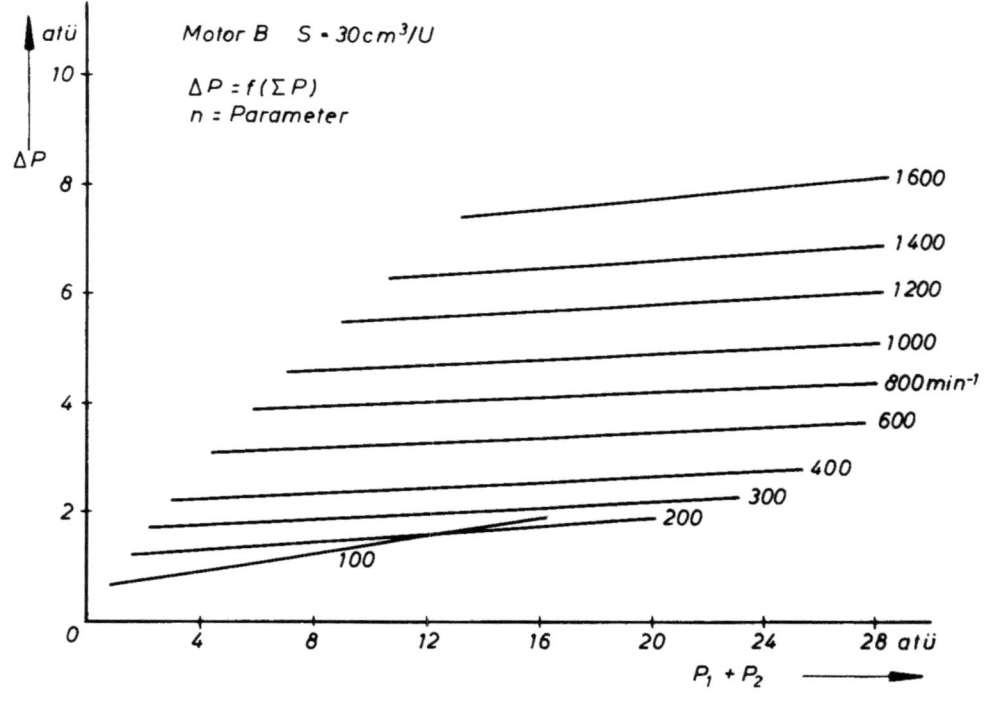
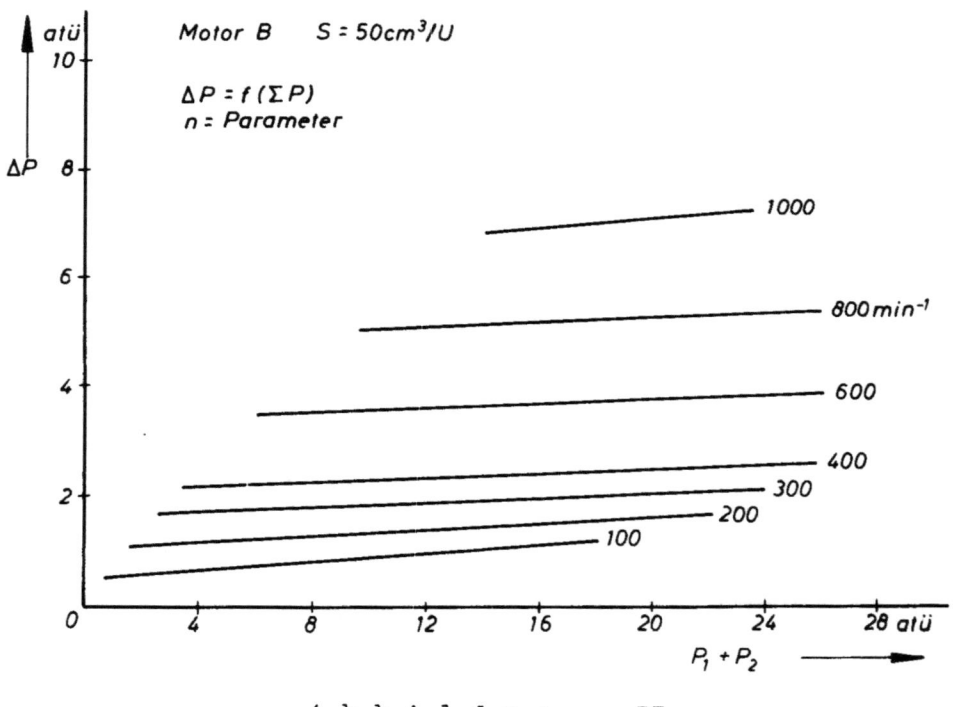

Abbildung 37

Seite 42

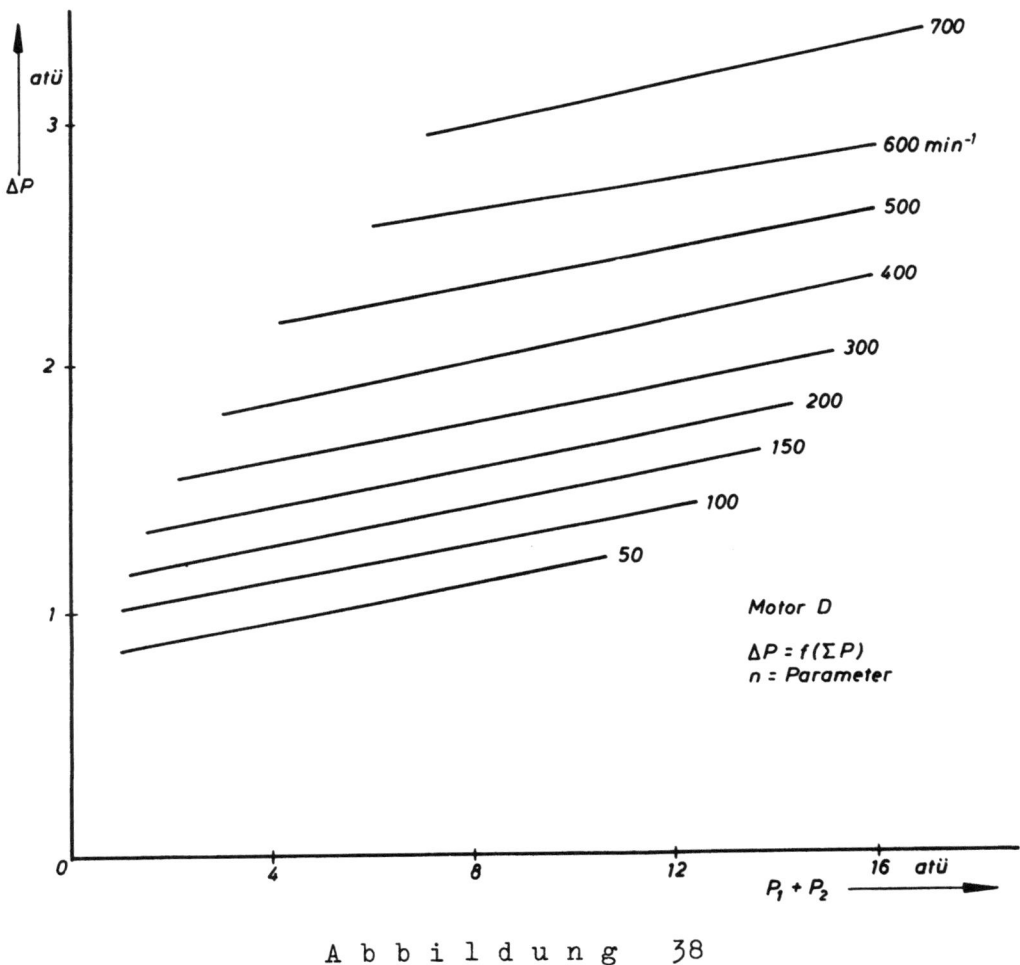

Abbildung 38

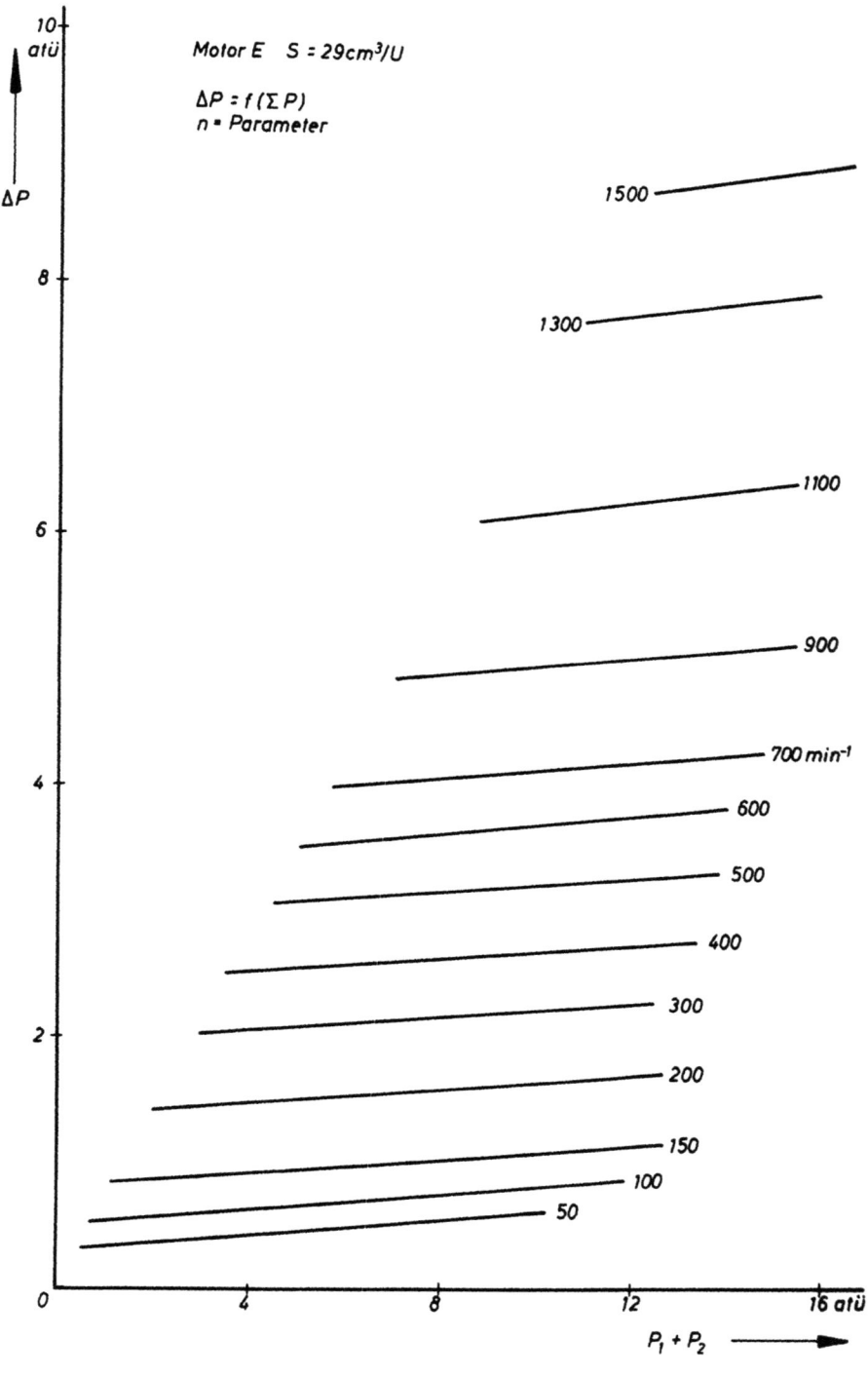

Abbildung 39

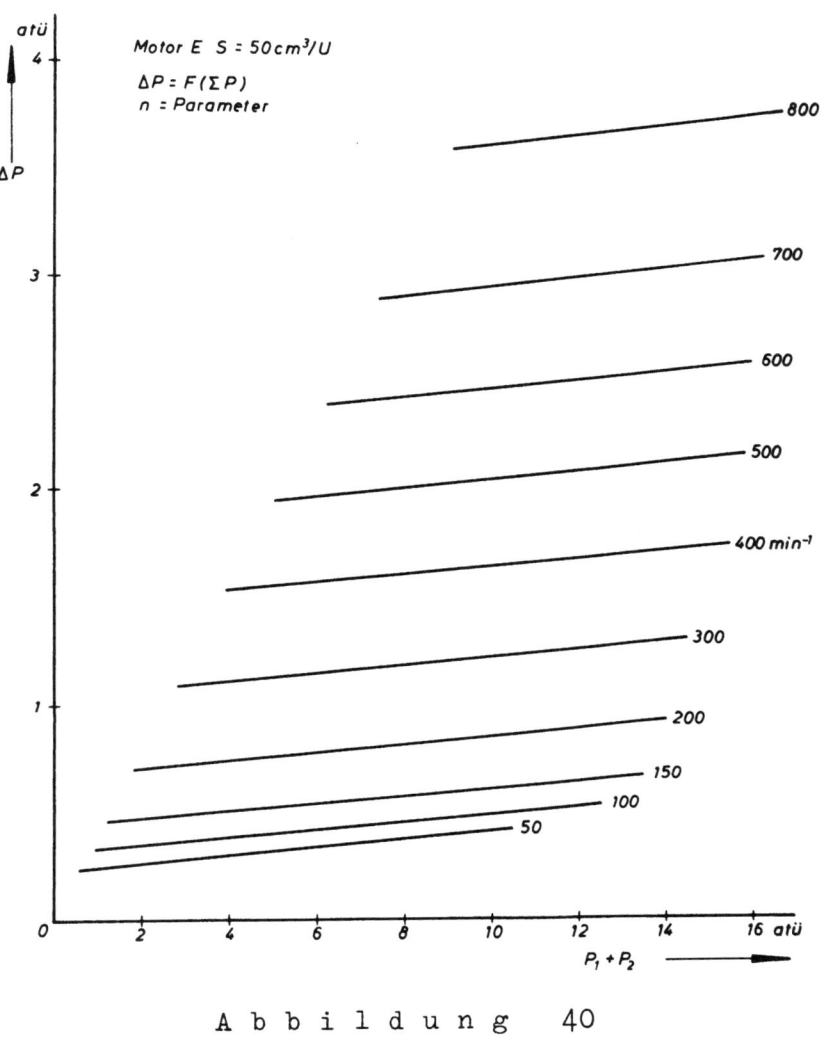

Abbildung 40

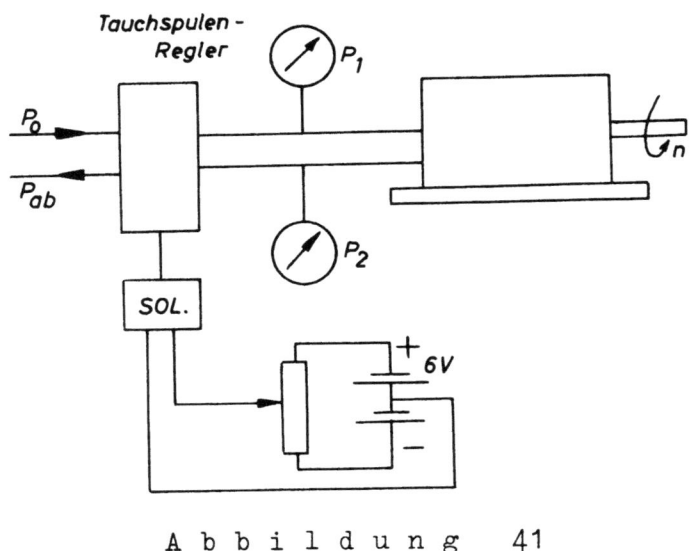

Abbildung 41

4.14 Ansprechempfindlichkeit

Diese beeinträchtigt das Verhalten des gesamten Lageregelungssystems (Lit. [5],[6]). Aus diesem Grunde wurde diese Eigenschaft der Motoren näher untersucht. Nach dem in Abbildung 41 gezeigten Versuchsaufbau wurde zunächst der für das Losbrechen aus dem Stillstand erforderliche Differenzdruck bestimmt. Die Ergebnisse für einige Motoren zeigt die Abbildung 42. Aus dieser ist zu entnehmen, daß Axialkolbenmotoren in dieser

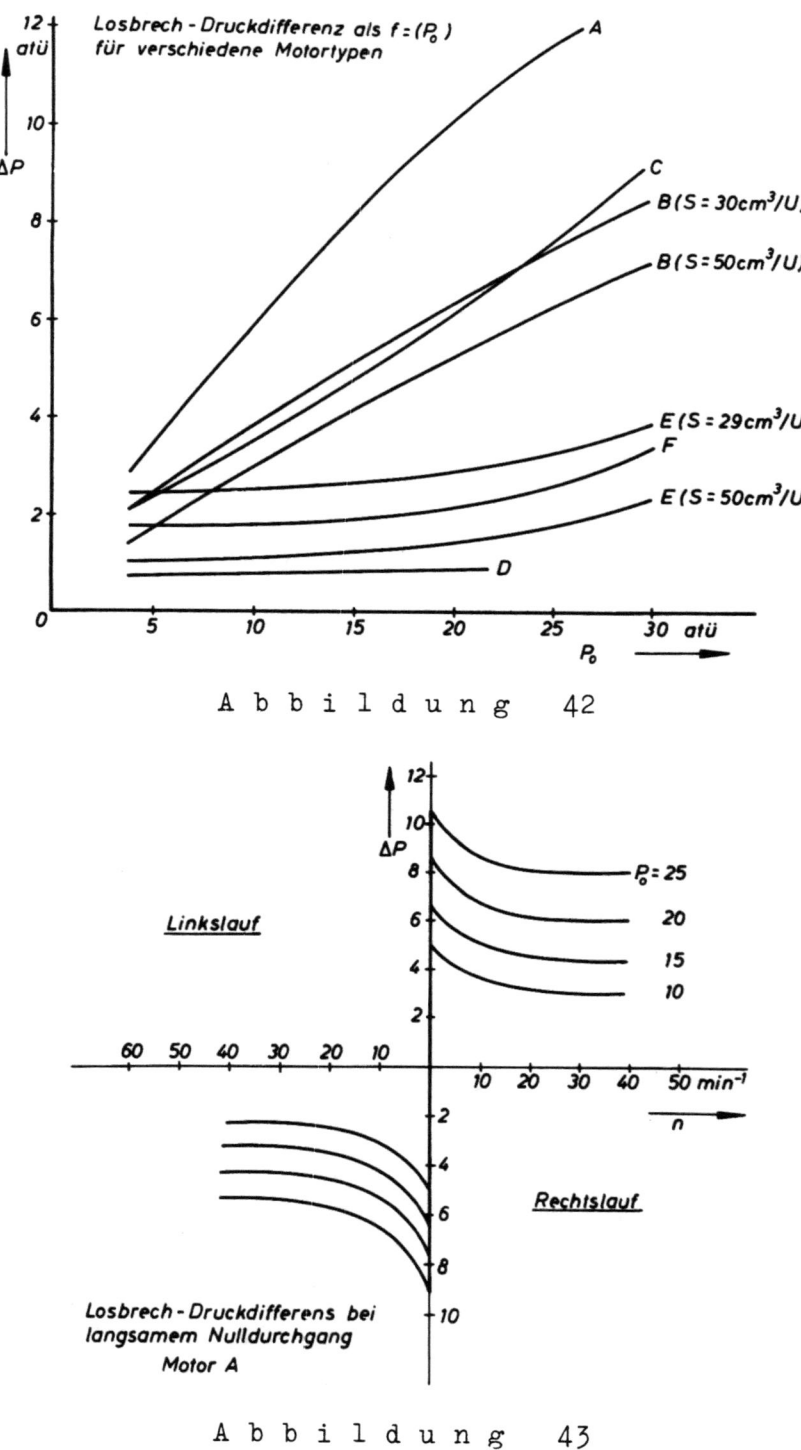

Abbildung 42

Abbildung 43

Hinsicht am schlechtesten abschneiden. Bei den Flügelzellenmotoren ist ebenfalls eine Losbrechdruckdifferenz vorhanden. Sie bleibt aber über weite Bereiche des Speisedruckes p_o konstant.

In einer weiteren Versuchsreihe wurde der Motor langsam von Linkslauf in Rechtslauf umgesteuert. Dabei stellte sich insbesondere bei den Axialkolbenmotoren eine weitere nachteilige Eigenschaft heraus. Nach Beginn einer Drehung sinkt infolge besserer Schmierungsverhältnisse der Differenzdruck sehr stark ab, um erst bei größeren Drehzahlen wieder anzusteigen (Abb.44). Diese negative Kennlinie ruft beim Einsatz der Motoren in Vorschubantrieben das bekannte Ruckgleiten hervor. Auf das Lageregelungssystem wirkt die negative Kennlinie entdämpfend und führt zu einer wesentlichen Verschlechterung der Nachlaufeigenschaften.

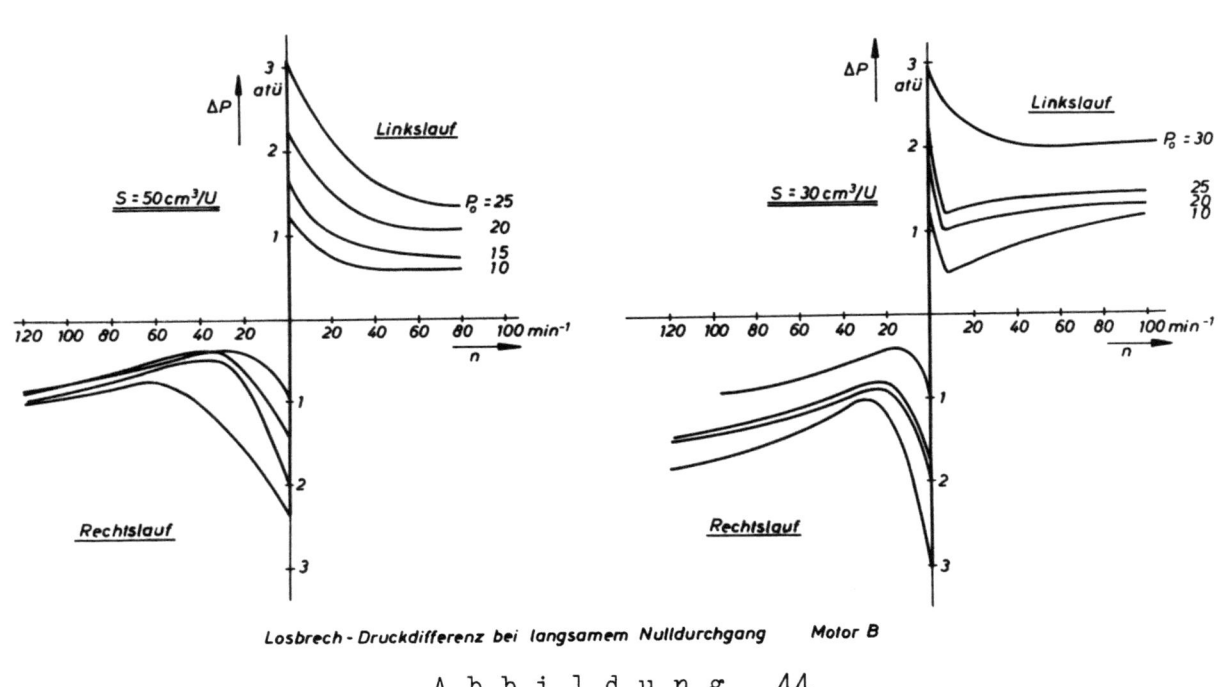

Losbrech-Druckdifferenz bei langsamem Nulldurchgang   Motor B

A b b i l d u n g   44

4.2 Dynamische Messungen an verschiedenen Motortypen

4.21 Messung der Übergangsfunktion

Zur Messung der Übergangsfunktion verschiedener Motortypen diente der Versuchsaufbau (Abb.45). Mit Hilfe eines Schlagventils (Abb.46) wurden beide Motorzuleitungen bei verschiedenen Drehzahlen innerhalb einer Millisekunde geschlossen. Die Steuerkanten des Ventils haben in Schließstellung eine positive Überdeckung. Bei der Nachbildung der Sprungfunktion

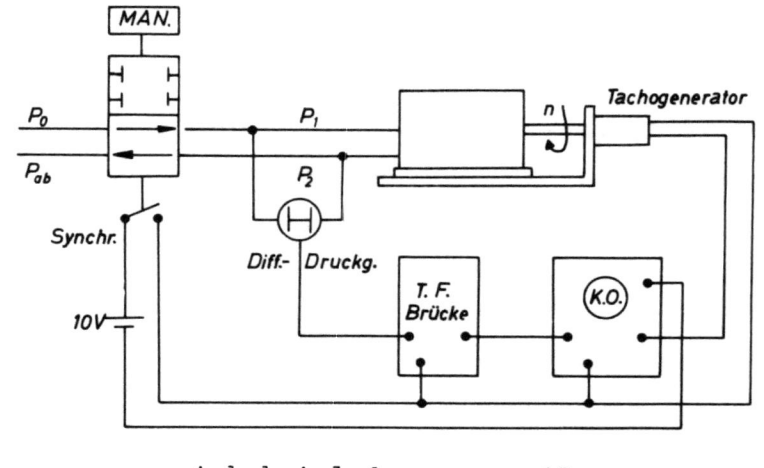

Abbildung 45

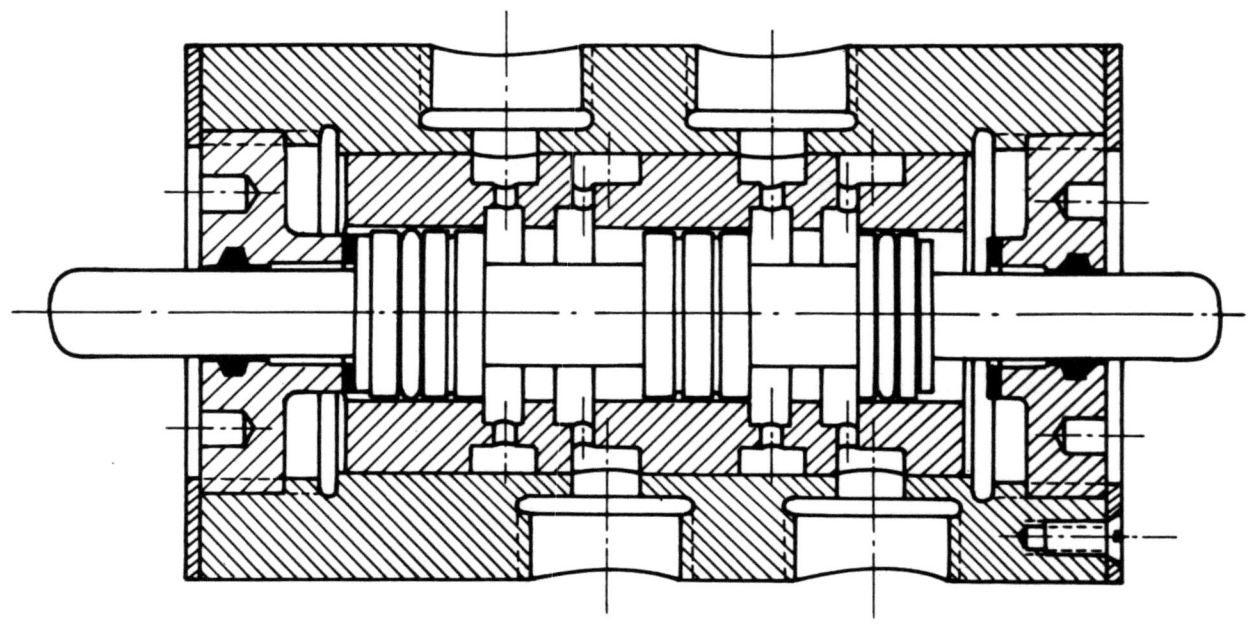

Abbildung 46

wird der Steuerkolben durch die Reaktionskräfte der Ölströme in Schließrichtung beschleunigt, so daß auch bei einfacher Handbetätigung die Übergangszeit unter 1 msec bleibt. Die Registrierung der Motordrehzahl erfolgte mit einem Tachogenerator. Der Differenzdruck wurde mit dem kapazitiven Geber nach Abbildung 47 gemessen und über einen Trägerfrequenzverstärker mit 200 kHz Träger und 20 kHz Bandbreite aufgezeichnet. Die Bewegung der beiden gekoppelten Membranen ist proportional dem Differenzdruck und wird auf einen Differentialkondensator übertragen. Bei den ersten Messungen zeigten sich z.T. starke Abweichungen von den berechneten Eigenwerten. Eine Bestimmung der analogen Ersatzkapazität des

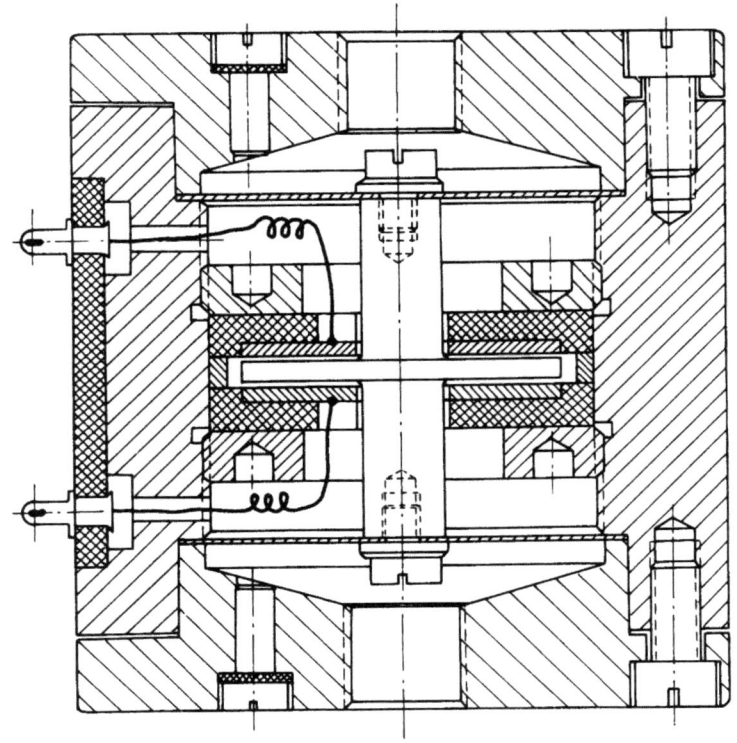

Abbildung 47

Gebers ergab einen Wert in der Größenordnung der Motorersatzkapazität. Erst bei einer Membrandicke von 4 mm konnte dieser Einfluß vernachlässigt werden. Die mit diesem Versuchsaufbau gewonnenen Übergangsfunktionen zeigen die Abbildungen 49 bis 56. Um auch die Eigendämpfung beeinflussen zu können, wurde der Motor mit einem einstellbaren Drosselventil überbrückt. In dem analogen Ersatzschaltbild (Abb.48) ist diese Drosselstelle als veränderlicher Widerstand eingezeichnet. Die Versuchsergebnisse zeigen die Abbildungen 57 bis 63.

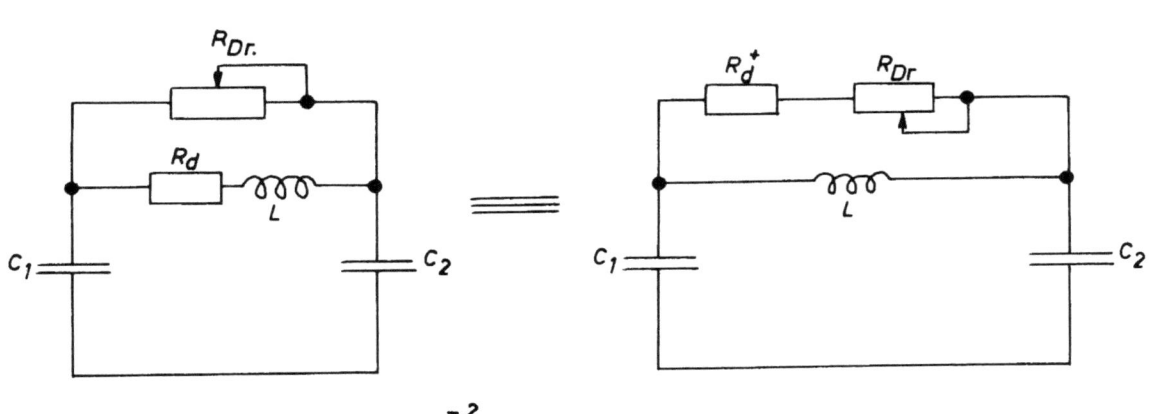

$C_1 = C_2$; $R_d^+ = \dfrac{Z_0^2}{R_d}$; $R_{S1} = R_{S2} = \infty$

Abbildung 48

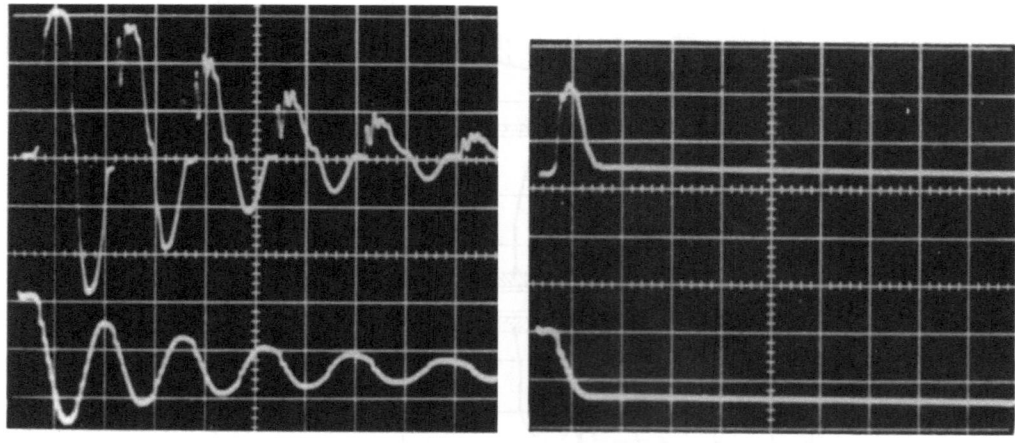

Abbildung 49 und 57

Motor A p = 25 atü/cm   n = 100 U/min cm
         f_e = 83 Hz   D = 0,18 bzw. ~ 0,5

Zeitablenkung = 10 msec/cm

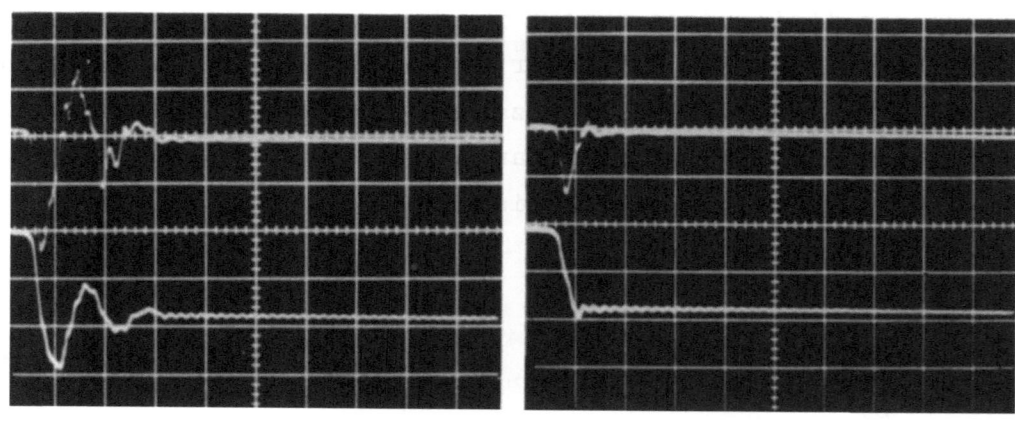

Abbildung 50 und 58

Motor B (S = 30 cm³/U) p = 30 atü/cm   n = 500 U/min cm
                        f_e = 32 Hz   D = 0,06 bzw. ~ 0,5

Zeitablenkung = 20 msec/cm

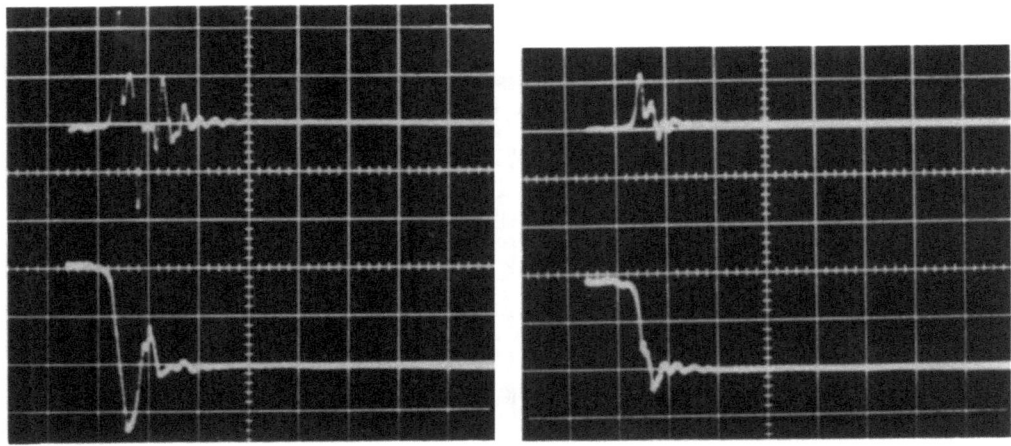

Abbildung 51 und 59

Motor B (S = 50 cm³/U)   p = 30 atü/cm   n = 250 U/min cm
                          f_e = 50 Hz   D = 0,045 bzw. ~ 0,5

Zeitablenkung = 20 msec/cm

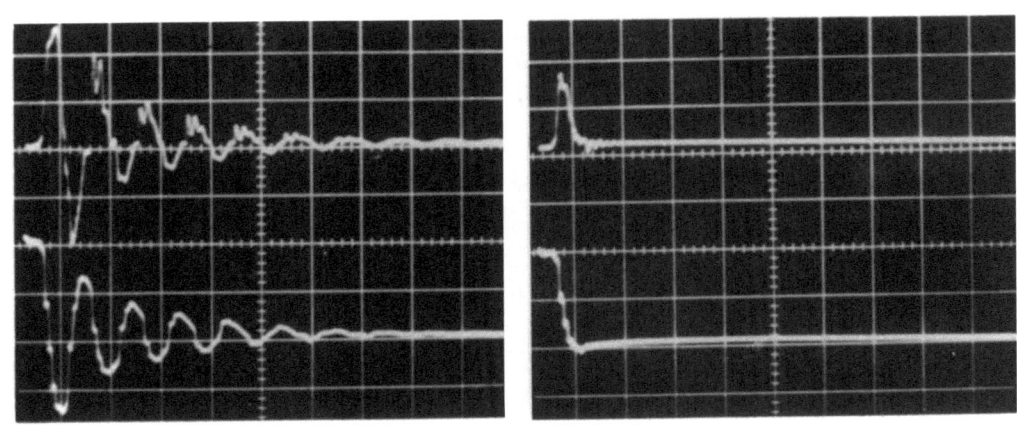

Abbildung 52 und 60

Motor C   p = 50 atü/cm   n = 250 U/min cm
           f_e = 125 Hz   D = 0,25 bzw. ~ 0,5

Zeitablenkung = 20 msec/cm

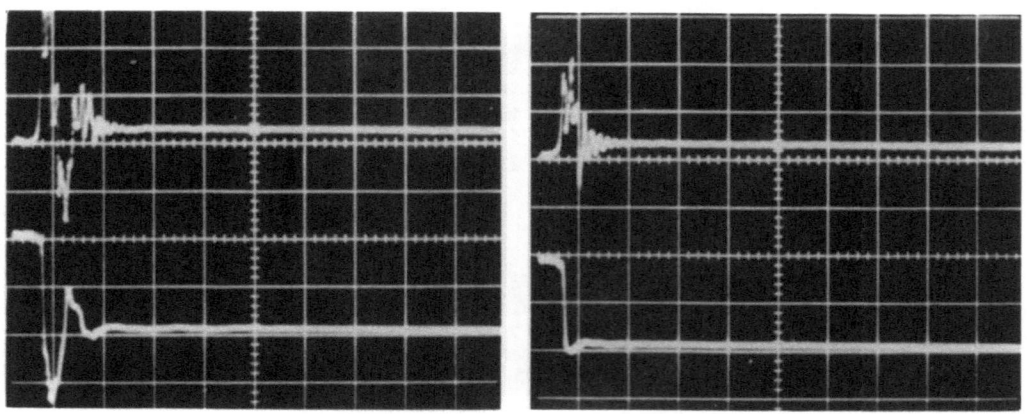

Abbildung 53 und 61

Motor D   p = 10 atü/cm   n = 250 U/min cm
          f_e = 62 Hz   D = 0,3 bzw. ~ 0,5
          Zeitablenkung = 20 msec/cm

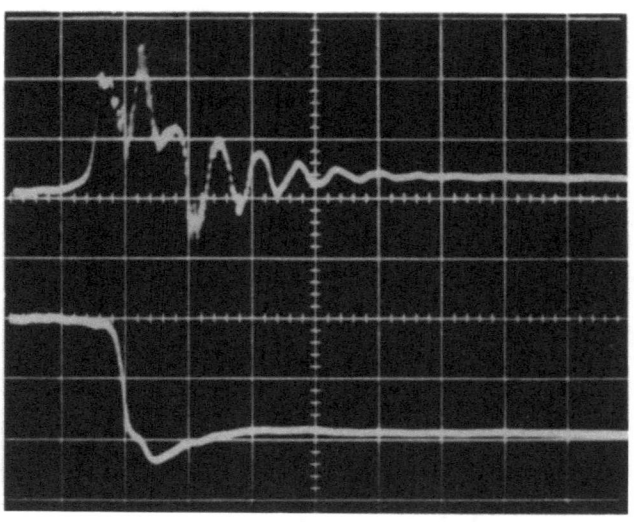

Abbildung 54

Motor D   Übergangsfunktion (Ablenkung 5 ms/cm)

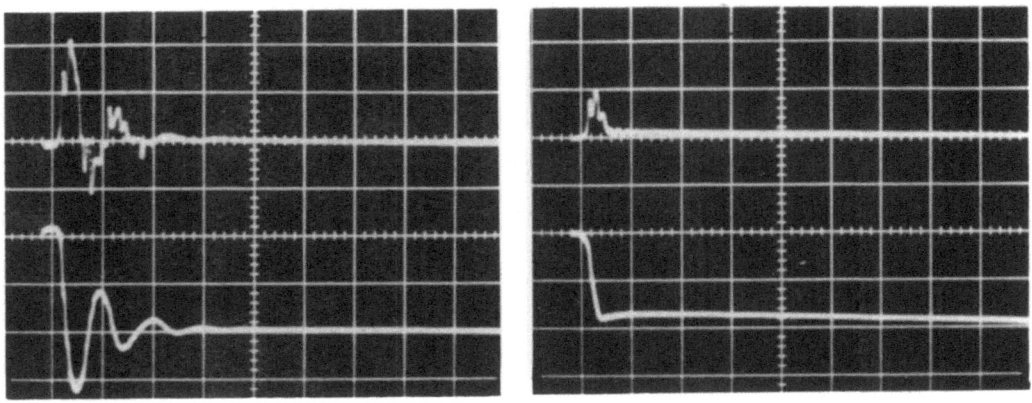

Abbildung 55 und 62

Motor E (S = 50 cm³/U)   p = 30 atü/cm   n = 250 U/min cm
                          f_e = 52 Hz   D = 0,18 bzw. ~ 0,5

Zeitablenkung = 20 msec/cm

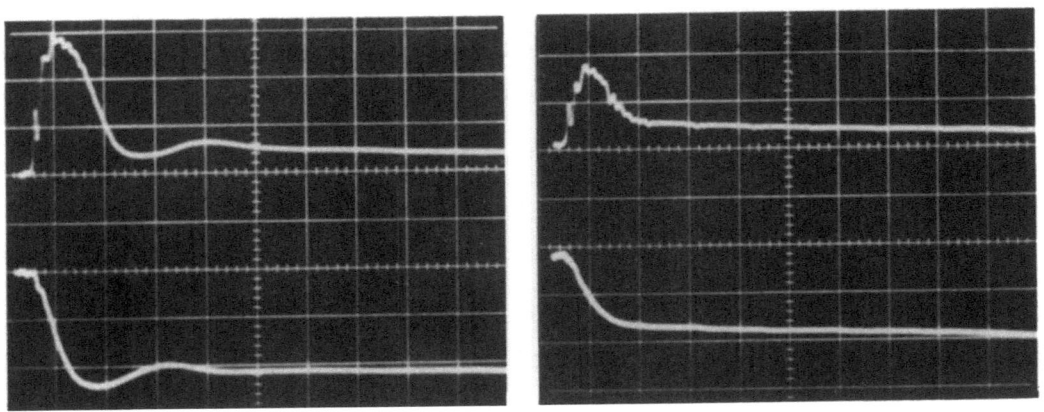

Abbildung 56 und 63

Motor E (S = 29 cm³/U)   p = 30 atü/cm   n = 500 U/min cm
                          f_e = 18 Hz   D = 0,35 bzw. ~ 0,5

Zeitablenkung = 20 msec/cm

4.22 Eigenfrequenz und Eigendämpfung

Wie die Oszillogramme zeigen, liegen die Resonanzfrequenzen der untersuchten Motoren zwischen 18 Hz und 125 Hz. Die Eigenfrequenzen der Motoren sind aber höher, da, durch den Versuchsaufbau bedingt, pro Seite rund 100 cm³ Öl zum eigentlichen Ölinhalt der Motoren hinzukommen. Überraschend ist die Tatsache, daß Motoren höherer Leistung (A mit 10 kw oder C mit 8 kw) in der Eigenfrequenz höher liegen als kleinere Typen.

Auch die Eigendämpfung der Motoren ist sehr unterschiedlich und liegt zwischen D = 0,045 und 0,35. Die untersuchten Flügelzellenmotoren sind durch das günstige Verhältnis von Dämpfungswiderstand R_d zu Kennwiderstand $Z_o = \sqrt{\frac{L}{C^+}}$ besser gedämpft als die Axialkolbenmotoren. Bei ihrem Einsatz in Lageregelungssystemen kann daher auf eine äußere Dämpfung verzichtet werden.

Diese kann man, wenn erforderlich, auf verschiedene Weise erreichen. Die erste Möglichkeit besteht, wie schon gezeigt wurde, in einem Drosselnebenschluß, wie er in Abbildung 48 dargestellt ist. Kraftverstärkung und Geschwindigkeitsverstärkung werden in diesem Falle herabgesetzt. Rechnet man die Drossel in einen Serienwiderstand zu R_d um, so wird nur die Geschwindigkeitsverstärkung vermindert.

Eine weitere Möglichkeit zur Einstellung der Dämpfung bietet der Steuerwiderstand R_s. Soll die Kraftverstärkung konstant bleiben, so darf am Verhältnis $\frac{h_s}{h_o}$ nichts geändert werden. Es bleibt also lediglich die Änderung von B, die durch Variation des Steuerschieberdurchmessers erreicht werden kann. Die Auswirkung auf die Geschwindigkeitsverstärkung läßt sich durch eine Drossel in Reihe mit R_d kompensieren.

Alle bisher beschriebenen Methoden sind sehr einfach, haben aber zur Folge, daß zusätzliche hydraulische Leistung in Wärme umgesetzt wird.

Diesen Nachteil kann man durch eine geschwindigkeitsproportionale Rückführung vermeiden. Sie läßt sich bei elektro-hydraulischen Steuerschiebern in einfacher Weise einführen, wie es in Abbildung 64 gezeigt ist.

Zweistufige elektro-hydraulische Steuerventile neuerer Bauart sind konstruktiv für diesen Zweck ausgebildet. Der Ölstrom q, der den Motor treibt, wird nach Abbildung 65 durch eine bewegliche Drossel geleitet, die sich auf Federn abstützt. Die Auslenkung der Drossel ist proportional der Geschwindigkeit des Motors. Sie wird über die Rückführfeder auf die erste, elektro-hydraulische Verstärkerstufe zurückgekoppelt. So kann auf mechanische Weise ohne den Aufwand einer Tachomaschine, die ohnehin nur bei Rotationsmotoren angebracht werden kann, die geschwindigkeitsproportionale Rückführung erzielt werden.

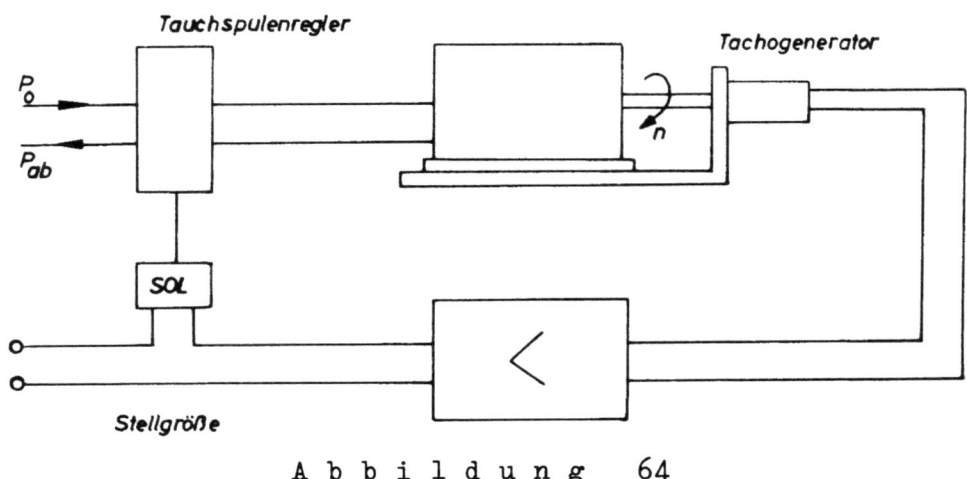

Abbildung 64

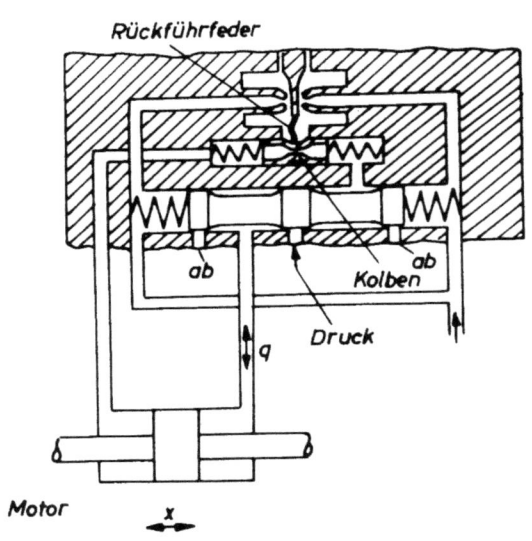

Abbildung 65

4.23 Vergleich zwischen gerechneten und gemessenen Werten

Um die Brauchbarkeit der entwickelten Theorie unter Beweis zu stellen, sollen Eigenfrequenz und Dämpfung der Motoren A und B aufgrund der statischen Kennwerte nachgerechnet werden. Dabei ist zu berücksichtigen, daß das Ölvolumen der Motoren durch das Schlagventil, den Differenzdruckgeber und die zugehörigen Leitungen auf jeder Seite um 92 cm^3 erhöht werden muß. Da die Dämpfung durch einen geschwindigkeitsproportionalen und einen druckproportionalen Anteil (Verklemmen) hervorgerufen wird, soll sie nach einem Näherungsverfahren bestimmt werden.

Eigenfrequenz:

Motor A $\quad L = 1{,}97 \cdot 10^{-4} \left[\dfrac{kg\,sec^2}{cm^5}\right]$; $Q_{01} = Q_{02} = 247\,cm^3$; $\beta = 1{,}5 \cdot 10^{-4}\,\dfrac{cm^2}{kg}$

$C^+ = 185 \cdot 10^{-4} \left[\dfrac{kg}{cm^5}\right]^{-1}$

$$f_0 = \dfrac{1}{2\pi\sqrt{L \cdot C^+}} = \underline{83{,}5\,Hz}$$

Gemessen nach Abbildung 49: $\quad\underline{83\,Hz}$

Motor B $\quad S = 50\,\dfrac{cm^3}{U}$; $L = 5{,}15 \cdot 10^{-4}$; $Q_{01} = Q_{02} = 171\,cm^3$

$C^+ = 129 \cdot 10^{-4} \left[\dfrac{cm^5}{kg}\right]$

$f_0 = \underline{61{,}5\,Hz}$

Gemessen nach Abbildung 51: $\quad\underline{50\,Hz}$

Motor B $\quad S = 30\,\dfrac{cm^3}{U}$; $L = 14{,}3 \cdot 10^{-4} \left[\dfrac{kg\,sec^2}{cm^5}\right]$

$C^+ = 129 \cdot 10^{-4} \left[\dfrac{cm^5}{kg}\right]$

$f_0 = \underline{37\,Hz}$

Gemessen nach Abbildung 50: $\quad\underline{32\,Hz}$

Eigendämpfung:

Zur Berechnung der Eigendämpfung des symmetrischen Motors greift man am besten auf Gleichung (34) zurück.

Bezeichnet man den Beiwert von p mit T_a und den von p' mit $T_b^{\,2}$ so gilt:

$$D = \dfrac{T_a}{2T_b} \quad . \tag{58}$$

Unter Berücksichtigung von $R_{s1} = \infty$; $K_b = 0$ ergibt sich:

$$D = \dfrac{R_b}{2Z_0} \quad . \tag{58a}$$

Es müssen also R_b und Z_0 bestimmt werden.

Der Dämpfungswiderstand setzt sich aus zwei Anteilen zusammen, die
1. drehzahlproportional
2. druckproportional
sind.

Der drehzahlproportionale Widerstand läßt aus den Diagrammen 36 und 37 entnehmen, indem man die entsprechende Drehzahl-Gerade bis $p_1 + p_2 = 0$ verlängert. Der abgelesene Wert von Δp ergibt mit $q = n \cdot S$ den Widerstand R_d:

$$R_d = \frac{\Delta p}{n \cdot S} \quad . \tag{59}$$

Der druckproportionale Reibungswiderstand infolge der Verklemmung der Kolben soll über die Reibleistung näherungsweise ermittelt werden. Wie den Abbildungen 49 bis 51 zu entnehmen ist, sind Druck und Drehzahl ungefähr sin-förmig und um rund 90° phasenverschoben.

$$p_\sim = \hat{p} \cdot \sin \omega t \quad ; \quad n_\sim - \hat{n} \cdot \cos \omega t \quad .$$

In die Verklemmung geht nur der Anteil

$$p_{\sim R} = \hat{p} \cdot a \cdot \sin \omega t \text{ ein} . \qquad q = \frac{d \Delta p}{d(p_1 + p_2)} \quad .$$

Allgemein heißt der Ausdruck für die Leistung einer Drehbewegung:

$$N = Md \cdot \dot{\varphi} \quad ; \quad \hat{Md}_R = \hat{p} \cdot a \cdot Md^+ \quad ; \quad \hat{\dot{\varphi}} = \hat{n} \cdot 2\pi \quad . \tag{60}$$

Damit ergibt sich die mittlere Reibleistung:

$$\overline{N}_R = \frac{2}{\pi} \int_0^{\frac{\pi}{2}} \hat{p} \cdot a \cdot Md^+ \cdot 2\pi \hat{n} \cdot \sin \omega t \cdot dt \tag{61}$$

$$\overline{N}_R = \frac{1}{\pi} \cdot \hat{p} \cdot \hat{n} \cdot S \cdot a \quad .$$

Es darf nur in den Grenzen von $0 - \frac{\pi}{2}$ integriert werden, da die Reibleistung immer positiv ist (Abb. 66).

Die gleiche Leistung $\overline{N}_R$ soll an einem Widerstand R_R durch den Effektivwert des Ölstromes $\frac{\hat{n} \cdot S}{\sqrt{2}}$ vernichtet werden.

$$R_R = \frac{2a\hat{p}}{\pi \cdot \hat{n} \cdot S} \quad . \tag{62}$$

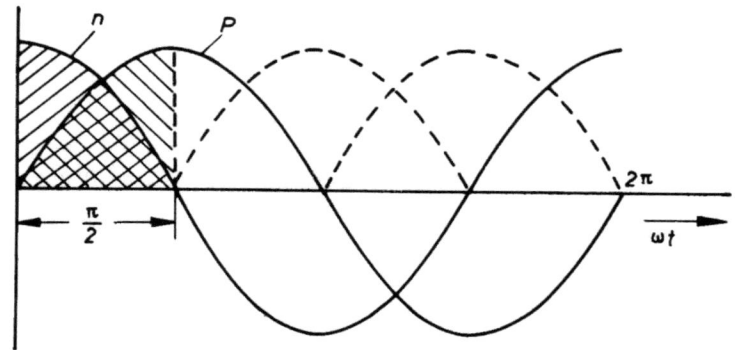

Abbildung 66

Da die in den Abbildungen 49 bis 51 angegebenen Dämpfungswerte für die ersten Halbwellen gelten, kann $n = \hat{n}$ gesetzt werden. Damit ergibt sich der Gesamt-Dämpfungswiderstand zu:

$$R_{ges} = \frac{\Delta p + \frac{2}{\pi} \cdot \hat{p} \cdot a}{n \cdot S} \quad . \qquad (63)$$

Berücksichtigt man, daß infolge der Phasenverschiebung zwischen Druck und Drehzahl gerade bei kleinen Drehzahlen die größte Verklemmung auftritt, so wird a zweckmäßig bei 0,2 n bestimmt.

Berechnung der Eigendämpfung:

Motor A: $\quad n = 150 \frac{U}{min}$; $\hat{p} = 62,5 \frac{kg}{cm^2}$; $\Delta p = 1,7 \frac{kg}{cm^2}$

$\quad S = 135 \frac{cm^3}{U}$; $a = 0,26$.

Mit Gleichung (58a) ergibt sich die Dämpfung: $\quad D = 0,173$

$\qquad$ gemessen nach Abbildung 49: $\quad D = 0,18$

Motor B: $\quad n = 750 \frac{U}{min}$; $\hat{p} = 100 \frac{kg}{cm^2}$; $\Delta p = 3,7 \frac{kg}{cm^2}$

$\quad S = 30 \frac{cm^3}{U}$; $a = 0,051$

$\qquad$ errechnet: $\quad D = 0,029$

$\qquad$ gemessen nach Abbildung 50: $\quad D = 0,06$

Motor B: $\quad n = 500 \frac{U}{min}$; $\hat{p} = 75 \frac{kg}{cm^2}$; $\Delta p = 2,7 \frac{kg}{cm^2}$

$\quad S = 50 \frac{cm^3}{U}$; $a = 0,04$

$\qquad$ errechnet: $\quad D = 0,028$

$\qquad$ gemessen nach Abbildung 51: $\quad D = 0,045$

Wie der Vergleich zwischen gerechneten und gemessenen Werten zeigt, läßt sich die Eigenfrequenz in guter Näherung, die Dämpfung im allgemeinen nur größenordnungsmäßig bestimmen. Die Ursache dafür liegt einmal in der näherungsweisen Berechnung des Ersatzwiderstandes der Verklemmung, zum anderen in der Extrapolation der Drehzahlgeraden bis zu Druckwerten, die beim 3 bis 4fachen des für die Motoren maximal zugelassenen Spitzendruckes liegen.

5. Schlußbetrachtung

Das dynamische Verhalten hydraulischer Vorschubmotoren für Werkzeugmaschinen wurde durch Rechnung und Versuch bestimmt. Dabei ergibt sich für den allgemeinen Fall eine lineare Differentialgleichung 3.Ordnung. Aufgrund von Analogiebetrachtungen läßt sich das elektrische Ersatzbild hydraulischer Motoren zusammenstellen. Anhand der Frequenzganggleichung wurde das dynamische Verhalten von sechs in der Praxis am häufigsten vertretenen Systemen diskutiert und deren Ortskurven mit Hilfe eines Analogrechners bestimmt. Bei Versuchen an einer Reihe von Motoren unterschiedlicher Leistung und Konstruktion konnten deren Kennwerte: Eigenfrequenz, Dämpfung und Ansprechempfindlichkeit, ermittelt und mit gerechneten Werten verglichen werden.

Prof.Dr.-Ing. Herwart Opitz
Dipl.-Ing. Hans Uhrmeister

Literaturverzeichnis

[1]   Control Engineers Handbook
Mc. Graw-Hill Book Company, 1958

[2]   Transactions of the ASME, 1953 - 1954

[3] CHAIMOWITSCH, J.M.   Ölhydraulik
VEB Verlag Technik, Berlin 1957

[4] DÜRR und WACHTER   Hydraulische Antriebe und Druckmittelsteuerungen an Werkzeugmaschinen.
Carl Hanser Verlag, München

[5] OPPELT, W.   Kleines Handbuch Technischer Regelvorgänge
Verlag Chemie GmbH, 1956

[6] SCHÄFER, O.   Grundlagen der selbsttätigen Regelung.
Franzis Verlag, München 1957

[7] UHRMEISTER und JÜSTEL   Analogiebetrachtungen an hydraulischen Steuer- und Antriebselementen
Industrieanzeiger, Essen, Nr.10, 3.Febr.1959

[8] BACKE, W.   Untersuchungen an stetigen und unstetigen Nachformeinrichtungen.
Diss. T.H. Aachen, 1959

FORSCHUNGSBERICHTE DES LANDES NORDRHEIN-WESTFALEN

Herausgegeben durch das Kultusministerium

MASCHINENBAU

HEFT 45
Losenhausenwerk Düsseldorfer Maschinenbau AG., Düsseldorf
Untersuchungen von störenden Einflüssen auf die Lastgrenzenanzeige von Dauerschwingprüfmaschinen
1953, 36 Seiten, 11 Abb., 3 Tabellen, DM 7,25

HEFT 77
Meteor Apparatebau Paul Schmeck GmbH., Siegen
Entwicklung von Leuchtstoffröhren hoher Leistung
1954, 46 Seiten, 12 Abb., 2 Tabellen, DM 9,15

HEFT 100
Prof. Dr.-Ing. H. Opitz, Aachen
Untersuchungen von elektrischen Antrieben, Steuerungen und Regelungen an Werkzeugmaschinen
1955, 166 Seiten, 71 Abb., 3 Tabellen, DM 31,30

HEFT 136
Dipl.-Phys. P. Pilz, Remscheid
Über spezielle Probleme der Zerkleinerungstechnik von Weichstoffen
1955, 58 Seiten, 19 Abb., 2 Tabellen, DM 11,50

HEFT 147
Dr.-Ing. W. Rudisch, Unna
Untersuchung einer drehelastischen Elektromagnet-Synchronkupplung
1955, 82 Seiten, 65 Abb., DM 17,70

HEFT 183
Dr. W. Bornheim, Köln
Entwicklungsarbeiten an Flaschen- und Ampullen-Behandlungsmaschinen für die pharmazeutische Industrie
1956, 48 Seiten, 24 Abb., DM 11,70

HEFT 212
Dipl.-Ing. H. Spodig, Selm
Untersuchung zur Anwendung der Dauermagnete in der Technik *1955, 44 Seiten, 25 Abb., DM 9,80*

HEFT 295
Prof. Dr.-Ing. H. Opitz und Dipl.-Ing. H. Axer, Aachen
Untersuchung und Weiterentwicklung neuartiger elektrischer Bearbeitungsverfahren
1956, 42 Seiten, 27 Abb., DM 10,30

HEFT 298
Prof. Dr.-Ing. E. Oehler, Aachen
Untersuchung von kritischen Drehzahlen, die durch Kreiselmomente verursacht werden
1956, 50 Seiten, 35 Abb., DM 13,15

HEFT 384
Prof. Dr.-Ing. H. Opitz, Aachen
Schwingungsuntersuchungen an Werkzeugmaschinen
1958, 66 Seiten, 73 Abb., DM 20,40

HEFT 412
Prof. Dr.-Ing. H. Opitz, Aachen
Kennwerte und Leistungsbedarf für Werkzeugmaschinengetriebe
1958, 72 Seiten, 35 Abb., DM 17,20

HEFT 506
Prof. Dr.-Ing. W. Meyer zur Capellen, Aachen
Der Flächeninhalt von Koppelkurven. Ein Beitrag zu ihrem Formenwandel
1958, 74 Seiten, 26 Abb., DM 21,50

HEFT 533
Prof. Dr.-Ing. H. Opitz und Dipl.-Ing. W. Hölken, Aachen
Untersuchung von Ratterschwingungen an Drehbänken
1958, 70 Seiten, 44 Abb., 2 Tabellen, DM 19,70

HEFT 606
Oberbaurat Prof. Dr.-Ing. W. Meyer zur Capellen, Aachen
Eine Getriebegruppe mit stationärem Geschwindigkeitsverlauf
1958, 34 Seiten, 21 Abb., DM 10,50

HEFT 631
Dr. E. Wedekind, Krefeld
Der Einfluß der Automatisierung auf die Struktur der Maschinen- und Arbeiterzeiten am mehrstelligen Arbeitsplatz in der Textilindustrie
1958, 72 Seiten, 32 Abb., 8 Tabellen, DM 21,10

HEFT 667
Prof. Dr.-Ing. H. Opitz und Dipl.-Ing. H. de Jong, Aachen
Schwingungs- und Geräuschuntersuchung an ortsfesten Getrieben
1959, 32 Seiten, 28 Abb., 2 Tabellen, DM 10,30

HEFT 668
Prof. Dr.-Ing. H. Opitz, Dipl.-Ing. G. Ostermann und Dipl.-Ing. M. Gappisch, Aachen
Beobachtungen über den Verschleiß an Hartmetallwerkzeugen
1958, 38 Seiten, 26 Abb., DM 12,—

HEFT 669
Prof. Dr.-Ing. H. Opitz, Dipl.-Ing. H. Uhrmeister und Dipl.-Ing. K. Jüstel, Aachen
Aufbau und Wirkungsweise einer Magnetbandsteuerung
1958, 50 Seiten, 39 Abb., DM 15,—

HEFT 670
Prof. Dr.-Ing. H. Opitz und Dipl.-Ing. W. Backé, Aachen
Untersuchung von Kopiersteuerungen
1959, 70 Seiten, 54 Abb., DM 18,80

HEFT 671
Prof. Dr.-Ing. H. Opitz, Dr.-Ing. R. Piekenbrink und Dipl.-Ing. K. Honrath, Aachen
Untersuchungen an Werkzeugmaschinenelementen
1959, 70 Seiten, 71 Abb., DM 20,—

HEFT 672
Prof. Dr.-Ing. H. Opitz, Dipl.-Ing. H. Heiermann und Dipl.-Ing. B. Rupprecht, Aachen
Untersuchungen beim Innenrundschleifen
1959, 34 Seiten, 50 Abb., DM 11,50

HEFT 673
Prof. Dr.-Ing. H. Opitz, Dipl.-Ing. H. Obrig und Dipl.-Ing. K. Ganser, Aachen
Die Bearbeitung von Werkzeugstoffen durch funkenerosives Senken
1959, 60 Seiten, 41 Abb., 1 Tabelle, DM 18,—

HEFT 676
Prof. Dr.-Ing. W. Meyer zur Capellen, Aachen
Harmonische Analyse bei Kurbeltrieben.
I. Allgemeine Zusammenhänge
1959, 38 Seiten. 10 Abb., DM 11,50

HEFT 695
Dr.-Ing. W. Herding, München
Die Fahrdynamik und das Arbeitsspiel gleisloser Erdbaugeräte als Kalkulationsgrundlage für die Bodenförderung und ihre Kosten
1960, 178 Seiten, 89 Abb., 18 Tabellen, DM 49,—

HEFT 718
Prof. Dr.-Ing. W. Meyer zur Capellen, Aachen
Die geschränkte Kurbelschleife
I. Die Bewegungsverhältnisse
1959, 110 Seiten, 54 Abb., DM 29,20

HEFT 764
Prof. Dr.-Ing. H. Opitz, Dr.-Ing. H. Siebel und Dipl.-Ing. R. Fleck, Aachen
Keramische Schneidstoffe
1959, 30 Seiten, 18 Abb., DM 9,80

HEFT 772
Prof. Dr.-Ing. W. Meyer zur Capellen
Nomogramme zur geneigten Sinuslinie
1959, 28 Seiten, 11 Abb., DM 8,50

HEFT 775
Prof. Dr.-Ing. H. Opitz
Automatische Erfassung der Maßabweichung der Werkstücke zum Zweck der selbständigen Korrektur der Maschine
1959, 38 Seiten, 27 Abb., DM 11,40

HEFT 777
Prof. Dr.-Ing. H. Opitz und Dipl.-Ing. P.-H. Brammertz, Aachen
Werkstückgüte und Fertigkeitskosten beim Innen-Feindrehen und Außenrund-Einsteckschleifen
1959, 92 Seiten, 68 Abb., DM 25,30

HEFT 788
Prof. Dr.-Ing. Herwart Opitz, Aachen
Der Einsatz radioaktiver Isotope bei Zerspannungsuntersuchungen *1959, 36 Seiten, 23 Abb., DM 11,30*

HEFT 794
Dipl.-Ing. Reinhard Wilken, Düsseldorf
Das Biegen von Innenborden mit Stempeln
1959, 82 Seiten, DM 22,40

HEFT 801
Baurat Dipl.-Ing. Gesell, Duisburg
Ersatz von Quarzsand als Strahlmittel
1960, 66 Seiten, 12 Abb., 4 Tabellen, 17 Diagramme, DM 18,90

HEFT 803
Prof. Dr.-Ing. W. Meyer zur Capellen und Dipl.-Ing. E. Lenk, Aachen
Harmonische Analyse bei Kurbeltrieben. Teil II: Gleichschenklige Getriebe
1960, 69 Seiten, 15 Abb., DM 18,40

HEFT 804
Prof. Dr.-Ing. W. Meyer zur Capellen und Dipl.-Ing. W. Rath, Aachen
Die geschränkte Kurbelschleife. Teil II: Die Harmonische Analyse
1960, 66 Seiten, 14 Abb., DM 18,90

HEFT 806
Prof. Dr.-Ing. H. Opitz u. a., Aachen
Untersuchungen von Zahnradgetrieben und Zahnradbearbeitungsmaschinen
1960, 95 Seiten, 81 Abb., DM 29,30

HEFT 809
Prof. Dr.-Ing. H. Opitz und Dipl.-Ing. H. H. Herold, Aachen
Untersuchung von elektro-mechanischen Schaltelementen
1960, 35 Seiten, 16 Abb., DM 11,—

HEFT 810
Prof. Dr.-Ing. H. Opitz und Dr.-Ing. N. Maas, Aachen
Das dynamische Verhalten von Lastschaltgetrieben
1960, 97 Seiten, 77 Abb., DM 29,50

HEFT 811
Prof. Dr.-Ing. H. Opitz und Dipl.-Ing. H. Bürklin, Aachen
Fa. Schoppe & Faeser, Minden, bearbeitet im Auftrage des Forschungsinstitutes für Rationalisierung in Aachen
Über Weggeber für automatisch gesteuerte Arbeitsmaschinen

HEFT 820
Prof. Dr.-Ing. H. Opitz, Dipl.-Ing. H. Rohde und Dipl.-Ing. W. König, Aachen
Untersuchungen der Spanformung durch Spanbrecher beim Drehen mit Hartmetallwerkzeugen
1960, 35 Seiten, 16 Abb., DM 15,80

HEFT 830
Prof. Dr.-Ing. H. Opitz und Dipl.-Ing. W. Backé, Aachen
Automatisierung des Arbeitsablaufes in der spanabhebenden Fertigung

HEFT 831
Prof. Dr.-Ing. H. Opitz, Dr.-Ing. H.-G. Rohs und Dr.-Ing. G. Stute, Aachen
Statistische Untersuchungen über die Ausnutzung von Werkzeugmaschinen in der Einzel- und Massenfertigung
1960, 38 Seiten, 32 Abb., DM 13,—

HEFT 864
Prof. Dr.-Ing. H. Opitz, Aachen
Funkenarbeit und Bearbeitungsergebnis bei der funkenerosiven Bearbeitung
1960, 44 Seiten. 19 Abb., DM 13,10

HEFT 873
*Prof. Dr.-Ing. W. Meyer zur Capellen und
Dipl.-Ing. W. Rath, Aachen*
Kinematik der sphärischen Schubkurbel
1960, 38 Seiten, 13 Abb., DM 11,20

HEFT 887
Baurat Dipl.-Ing. W. Gesell, Duisburg
Arbeiten mit Preß-Formmaschinen unter Normal-Bedingungen und bei hohen spezifischen Preßdrucken

HEFT 898
Prof. Dr.-Ing. H. Opitz und H. de Jong, Aachen
Untersuchung von Zahnradgetrieben und Zahnradbearbeitungsmaschinen in Zusammenarbeit mit der Industrie

HEFT 900
Prof. Dr.-Ing. H. Opitz und Dr.-Ing. J. Bielefeld, Aachen
Automatisierung der Werkzeugmaschine für die spanabhebende Bearbeitung

HEFT 901
*Prof. Dr.-Ing. H. Opitz, Dr.-Ing. J. Bielefeld und
Dipl.-Ing. W. Kalkert, Aachen*
Lebensdauerprüfung von Zahnradgetrieben

Ein Gesamtverzeichnis der Forschungsberichte, die folgende Gebiete umfassen, kann bei Bedarf vom Verlag angefordert werden:
Acetylen / Schweißtechnik – Arbeitspsychologie und -wissenschaft – Bau / Steine / Erden – Bergbau – Biologie – Chemie – Eisenverarbeitende Industrie – Elektrotechnik / Optik – Fahrzeugbau / Gasmotoren – Farbe / Papier / Photographie – Fertigung – Gaswirtschaft – Hüttenwesen / Werkstoffkunde – Luftfahrt / Flugwissenschaften – Maschinenbau – Medizin / Pharmakologie / Physiologie – NE-Metalle – Physik – Schall / Ultraschall – Schiffahrt – Textiltechnik / Faserforschung / Wäschereiforschung – Turbinen – Verkehr – Wirtschaftswissenschaften.

If you have any concerns about our products,
you can contact us on
ProductSafety@springernature.com

In case Publisher is established outside the EU,
the EU authorized representative is:
**Springer Nature Customer Service Center GmbH
Europaplatz 3, 69115 Heidelberg, Germany**

Printed by Libri Plureos GmbH
in Hamburg, Germany